"十四五"时期国家重点出版物出版专项规划项目

中国石油二氧化碳捕集、利用与封存（CCUS）技术丛书

主编　张道伟

# CCUS-EOR油藏工程设计技术

何东博　王正茂　王高峰　王锦芳　◎等编著

石油工业出版社

## 内 容 提 要

本书在阐述 CCUS 概念演化和 CCUS-EOR 油藏工程技术发展现状的基础上，提出了 CCUS-EOR 油藏工程设计要求与主要研究内容，重点论述了气驱油藏工程方法和二氧化碳驱油与埋存数值模拟技术，以及气驱油藏工程方法在 CCUS-EOR 资源潜力评价、开发方案设计、生产动态分析中的应用，最后介绍了国内若干代表性的二氧化碳驱油矿场试验项目的基本情况和取得的实践经验与认识。

本书可供从事二氧化碳捕集、利用与封存工作的管理人员及工程技术人员使用，也可作为石油企业培训用书、石油院校相关专业师生参考用书。

### 图书在版编目（CIP）数据

CCUS-EOR 油藏工程设计技术 / 何东博等编著 . —北京：石油工业出版社，2023.8

（中国石油二氧化碳捕集、利用与封存（CCUS）技术丛书）

ISBN 978-7-5183-6002-4

Ⅰ . ① C… Ⅱ . ①何… Ⅲ . ①油藏工程 – 设计 Ⅳ . ① TE34

中国国家版本馆 CIP 数据核字（2023）第 085484 号

出版发行：石油工业出版社
（北京安定门外安华里 2 区 1 号　100011）
网　　址：www.petropub.com
编辑部：（010）64249707
图书营销中心：（010）64523633
经　　销：全国新华书店
印　　刷：北京中石油彩色印刷有限责任公司

2023 年 8 月第 1 版　2024 年 3 月第 2 次印刷
787×1092 毫米　开本：1/16　印张：15.75
字数：220 千字

定价：130.00 元
（如出现印装质量问题，我社图书营销中心负责调换）

# 《中国石油二氧化碳捕集、利用与封存（CCUS）技术丛书》
## 编委会

主　编：张道伟
副主编：何江川　杨立强
委　员：王　峰（吉林）　宋新民　朱庆忠　张烈辉　张　赫　李忠兴　李战明
　　　　沈复孝　方　庆　支东明　麦　欣　王林生　王国锋　何东博　雷　平
　　　　李俊军　徐英俊　刘岩生　钟太贤　赵邦六　魏兆胜　何新兴　廖广志
　　　　邢颖春　熊新强　雍瑞生　李利军　张俊宏　李松泉　白振国　何永宏
　　　　于天忠　艾尚军　刘　强　雍　锐　张　辉　王　峰（华北）　李国永
　　　　李　勇　司　宝　苏春梅　胡永乐　魏　弢　李崇杰　龚真直　章卫兵

## 专家组

成　员：袁士义　胡文瑞　邹才能　刘　合　沈平平　赵金洲

## 编撰办公室

主　任：廖广志
副主任：章卫兵　陈丙春　王正茂　李　勇
成　员：（按姓氏笔画排序）
　　　　马宏斌　马建国　马晓红　王红庄　王延杰　王连刚　王念榕　王高峰
　　　　王锦芳　毛蕴才　文绍牧　方　辉　方建龙　田昌炳　白文广　白军辉
　　　　冯耀国　曲德斌　吕伟峰　刘卫东　刘先贵　孙博尧　阳建平　李　中
　　　　李　实　李　隽　李　敏　李　清　李　辉　李保柱　杨永智　杨能宇
　　　　肖林鹏　吴庆祥　吴晨洪　何丽萍　何善斌　位云生　邹存友　汪　芳
　　　　汪如军　宋　杨　张　玉　张　可　张训华　张仲宏　张应安　张春雨
　　　　张雪涛　张啸枫　张维智　张德平　武　毅　林贤莉　林海波　金亦秋
　　　　庞彦明　郑　达　郑国臣　郑家鹏　孟庆春　赵　辉　赵云飞　郝明强
　　　　胡云鹏　胡玉涛　胡占群　祝孝华　姚长江　秦　强　班兴安　徐　君
　　　　高　明　高春宁　黄　莺　黄志佳　曹　月　曹　成　曹　晨　崔　凯
　　　　崔永平　谢振威　雷友忠　熊春明　潘若生　戴　勇

# 《CCUS-EOR 油藏工程设计技术》
## 编写组

组　长：何东博

副组长：王正茂　王高峰　王锦芳

成　员：（按姓氏笔画排序）

于志超　马晓丽　王　昊　王连刚　王正波

王晓燕　王睿思　尹丽娜　叶永平　毕永斌

吕文峰　伍藏原　刘　名　刘　媛　刘存辉

孙　蓉　李　实　李　敏　李花花　李金龙

余光明　张　龙　张云海　张雪涛　陈　强

陈少勇　郑国臣　郑家鹏　郑雄杰　宣英龙

姚　杰　祝孝华　秦积舜　郭西峰　顾　潇

顾鸿君　黄春霞　梁　飞　董海海　雷友忠

雷欣慧　魏　勇

# 序 一

自 1992 年 143 个国家签署《联合国气候变化框架公约》以来，为了减少大气中二氧化碳等温室气体的含量，各国科学家和研究人员就开始积极寻求埋存二氧化碳的途径和技术。近年来，国内外应对气候变化的形势和政策都发生了较大改变，二氧化碳捕集、利用与封存（Carbon Capture，Utilization and Storage，简称 CCUS）技术呈现出新技术不断涌现、种类持续增多、能耗成本逐步降低、技术含量更高、应用更为广泛的发展趋势和特点，CCUS 技术内涵和外延得到进一步丰富和拓展。

2006 年，中国石油天然气集团公司（简称中国石油）与中国科学院、国务院教育部专家一道，发起研讨 CCUS 产业技术的香山科学会议。沈平平教授在会议上做了关于"温室气体地下封存及其在提高石油采收率中的资源化利用"的报告，结合我国国情，提出了发展 CCUS 产业技术的建议，自此中国大规模集中力量的攻关研究拉开序幕。2020 年 9 月，我国提出力争 2030 年前二氧化碳排放达到峰值，努力争取 2060 年前实现碳中和，并将"双碳"目标列为国家战略积极推进。中国石油积极响应，将 CCUS 作为"兜底"技术加快研究实施。根据利用方式的不同，CCUS 中的利用（U）可以分为油气藏利用（CCUS-EOR/EGR）、化工利用、生物利用等方式。其中，二氧化碳捕集、驱油与埋存

（CCUS-EOR）具有大幅度提高石油采收率和埋碳减排的双重效益，是目前最为现实可行、应用规模最大的CCUS技术，其大规模深度碳减排能力已得到实践证明，应用前景广阔。同时通过形成二氧化碳捕集、运输、驱油与埋存产业链和产业集群，将为"增油埋碳"作出更大贡献。

实干兴邦，中国CCUS在行动。近20年，中国石油在CCUS-EOR领域先后牵头组织承担国家重点基础研究发展计划（简称"973计划"）（两期）、国家高技术研究发展计划（简称"863计划"）和国家科技重大专项项目（三期）攻关，在基础理论研究、关键技术攻关、全国主要油气盆地的驱油与碳埋存潜力评价等方面取得了系统的研究成果，发展形成了适合中国地质特点的二氧化碳捕集、埋存及高效利用技术体系，研究给出了驱油与碳埋存的巨大潜力。特别是吉林油田实现了CCUS-EOR全流程一体化技术体系和方法，密闭安全稳定运行十余年，实现了技术引领，取得了显著的经济效益和社会效益，积累了丰富的CCUS-EOR技术矿场应用宝贵经验。2022年，中国石油CCUS项目年注入二氧化碳突破百万吨，年产油量31万吨，累计注入二氧化碳约560万吨，相当于种植5000万棵树的净化效果，或者相当于350万辆经济型小汽车停开一年的减排量。经过长期持续规模化实践，探索催生了一大批CCUS原创技术。根据吉林油田、大庆油田等示范工程结果显示，CCUS-EOR技术可提高油田采收率10%~25%，每注入2~3吨二氧化碳可增产1吨原油，增油与埋存优势显著。中国石油强力推动CCUS-EOR工作进展，预计

2025—2030年实现年注入二氧化碳规模500万~2000万吨、年产油150万~600万吨；预期2050—2060年实现年埋存二氧化碳达到亿吨级规模，将为我国"双碳"目标的实现作出重要贡献。

厚积成典，品味书香正当时。为了更好地系统总结CCUS科研和试验成果，推动CCUS理论创新和技术发展，中国石油组织实践经验丰富的行业专家撰写了《中国石油二氧化碳捕集、利用与封存（CCUS）技术丛书》。该套丛书包括《石油工业CCUS发展概论》《石油行业碳捕集技术》《超临界二氧化碳混相驱油机理》《CCUS-EOR油藏工程设计技术》《CCUS-EOR注采工程技术》《CCUS-EOR地面工程技术》《CCUS-EOR全过程风险识别与管控》7个分册。该丛书是中国第一套全技术系列、全方位阐述CCUS技术在石油工业应用的技术丛书，是一套建立在扎实实践基础上的富有系统性、可操作性和创新性的丛书，值得从事CCUS的技术人员、管理人员和学者学习参考。

我相信，该丛书的出版将有力推动我国CCUS技术发展和有效规模应用，为保障国家能源安全和"双碳"目标实现作出应有的贡献。

中国工程院院士　袁士义

# 序 二

　　宇宙浩瀚无垠，地球生机盎然。地球形成于约46亿年前，而人类诞生于约600万年前。人类文明发展史同时也是一部人类能源利用史。能源作为推动文明发展的基石，在人类文明发展历程中经历薪柴时代、煤炭时代、油气时代、新能源时代，不断发展、不断进步。当前，世界能源格局呈现出"两带三中心"的生产和消费空间分布格局。美国页岩革命和能源独立战略推动全球油气生产趋向西移，并最终形成中东—独联体和美洲两个油气生产带。随着中国、印度等新兴经济体的快速崛起，亚太地区的需求引领世界石油需求增长，全球形成北美、亚太、欧洲三大油气消费中心。

　　人类活动，改变地球。伴随工业化发展、化石燃料消耗，大气圈中二氧化碳浓度急剧增加。2022年能源相关二氧化碳排放量约占全球二氧化碳排放总量的87%，化石能源燃烧是全球二氧化碳排放的主要来源。以二氧化碳为代表的温室气体过度排放，导致全球平均气温不断升高，引发了诸如冰川消融、海平面上升、海水酸化、生态系统破坏等一系列极端气候事件，对自然生态环境产生重大影响，也对人类经济社会发展构成重大威胁。2020年全球平均气温约15℃，较工业化前期气温（1850—1900年平均值）高出1.2℃。2021年联合国气候变化大会将"到本世纪末控制全球温度升高 1.5℃"作为确保人类能够在地球上永续生存的目标之一，并全方位努力推动能源体系向化石能源低碳化、无碳化发展。减少大气圈内二氧化碳含量成为碳达峰与碳中和的关键。

气候变化，全球行动。2020 年 9 月 22 日，中国在联合国大会一般性辩论上向全世界宣布，中国将提高国家自主贡献力度，采取更加有力的政策和措施，力争于 2030 年前将二氧化碳排放量达到峰值，努力争取于 2060 年前实现碳中和。中国是全球应对气候变化工作的参与者、贡献者和引领者，推动了《联合国气候变化框架公约》《京都议定书》《巴黎协定》等一系列条约的达成和生效。

守护家园，大国担当。20 世纪 60 年代，中国就在大庆油田探索二氧化碳驱油技术，先后开展了国家"973 计划""863 计划"及国家科技重大专项等科技攻关，建成了吉林油田、长庆油田的二氧化碳驱油与封存示范区。截至 2022 年底，中国累计注入二氧化碳超过 760 万吨，中国石油累计注入超过 560 万吨，占全国 70% 左右。CCUS 试验包括吉林油田、大庆油田、长庆油田和新疆油田等试验区的项目，其中吉林油田现场 CCUS 已连续监测 14 年以上，验证了油藏封存安全性。从衰竭型油藏封存量看，在松辽盆地、渤海湾盆地、鄂尔多斯盆地和准噶尔盆地，通过二氧化碳提高石油采收率技术（$CO_2$-EOR）可以封存约 51 亿吨二氧化碳；从衰竭型气藏封存量看，在鄂尔多斯盆地、四川盆地、渤海湾盆地和塔里木盆地，利用枯竭气藏可以封存约 153 亿吨二氧化碳，通过二氧化碳提高天然气采收率技术（$CO_2$-EGR）可以封存约 90 亿吨二氧化碳。

久久为功，众志成典。石油领域多位权威专家分享他们多年从事二氧化碳捕集、利用与封存工作的智慧与经验，通过梳理、总结、凝练，编写出版《中国石油二氧化碳捕集、利用与封存（CCUS）技术丛书》。丛书共有7个分册，包含石油领域二氧化碳捕集、储存、驱油、封存等相关理论与技术、风险识别与管控、政策和发展战略等。该丛书是目前中国第一套全面系统论述CCUS技术的丛书。从字里行间不仅能体会到石油科技创新的重要作用，也反映出石油行业的作为与担当，值得能源行业学习与借鉴。该丛书的出版将对中国实现"双碳"目标起到积极的示范和推动作用。

面向未来，敢为人先。石油行业必将在保障国家能源供给安全、实现碳中和目标、建设"绿色地球"、推动人类社会与自然环境的和谐发展中发挥中流砥柱的作用，持续贡献石油智慧和力量。

中国科学院院士　邹才能

中国于 2020 年 9 月 22 日向世界承诺实现碳达峰碳中和，以助力达成全球气候变化控制目标。控制碳排放、实现碳中和的主要途径包括节约能源、清洁能源开发利用、经济结构转型和碳封存等。作为碳中和技术体系的重要构成，CCUS 技术实现了二氧化碳封存与资源化利用相结合，是符合中国国情的控制温室气体排放的技术途径，被视为碳捕集与封存（Carbon Capture and Storage，简称 CCS）技术的新发展。

驱油类 CCUS 是将二氧化碳捕集后运输到油田，再注入油藏驱油提高采收率，并实现永久碳埋存，常用 CCUS-EOR 表示。由此可见，CCUS-EOR 技术与传统的二氧化碳驱油技术的内涵有所不同，后者可以只包括注入、驱替、采出和处理这几个环节，而前者还包括捕集、运输与封存相关内容。CCUS-EOR 的大规模深度碳减排能力已被实践证明，是目前最为重要的 CCUS 技术方向。中国石油 CCUS-EOR 资源潜力逾 67 亿吨，具备上产千万吨的物质基础，对于 1 亿吨原油长期稳产和大幅度提高采收率有重要意义。多年来，在国家有关部委支持下，中国石油组织实施了一批 CCUS 产业技术研发重大项目，取得了一批重要技术成果，在吉林油田建成了国内首套 CCUS-EOR 全流程一体化密闭系统，安全稳定运行十余年，以"CCUS+ 新能源"实现了油气的绿色负碳开发，积累了丰富的CCUS-EOR技术矿场应用宝贵经验。

理论来源于实践，实践推动理论发展。经验新知理论化系统化，关键技术有形化资产化是科技创新和生产经营进步的表现方式和有效路径。中国石油汇聚CCUS全产业链理论与技术，出版了《中国石油二氧化碳捕集、利用与封存（CCUS）技术丛书》，丛书包括《石油工业CCUS发展概论》《石油行业碳捕集技术》《超临界二氧化碳混相驱油机理》《CCUS-EOR油藏工程设计技术》《CCUS-EOR注采工程技术》《CCUS-EOR地面工程技术》《CCUS-EOR全过程风险识别与管控》7个分册，首次对CCUS-EOR全流程包括碳捕集、碳输送、碳驱油、碳埋存等各个环节的关键技术、创新技术、实用方法和实践认识等进行了全面总结、详细阐述。

《中国石油二氧化碳捕集、利用与封存（CCUS）技术丛书》于2021年底在世纪疫情中启动编撰，丛书编撰办公室组织中国石油油气和新能源分公司、中国石油吉林油田分公司、中国石油勘探开发研究院、中国昆仑工程有限公司、中国寰球工程有限公司和西南石油大学的专家学者，通过线上会议设计图书框架、安排分册作者、部署编写进度；在成稿过程中，多次组织"线上＋线下"会议研讨各分册主体内容，并以函询形式进行专家审稿；2023年7月丛书出版在望时，组织了全体参编单位的线下审稿定稿会。历时两年集结成册，千锤百炼定稿，颇为不易！

本套丛书荣耀入选"十四五"国家重点出版物出版规划，各参编单位和石油工业出版社共同做了大量工作，促成本套丛书出版成为国家级重大出版工程。在此，我谨代表丛书编委会对所有参与丛书编写的作者、审稿专家和对本套丛书出版作出贡献的同志们表示衷心感谢！在丛书编写过程中，还得到袁士义院士、胡文瑞院士、邹才能院士、刘合院士、沈平平教授和赵金洲教授等学者的大力支持，在此表示诚挚的谢意！

　　CCUS 方兴未艾，产业技术呈现新项目快速增加、新技术持续迭代以及跨行业、跨地区、跨部门联合运行等特点。衷心希望本套丛书能为从事 CCUS 事业的相关人员提供借鉴与帮助，助力鄂尔多斯、准噶尔和松辽三个千万吨级驱油与埋存"超级盆地"建设，推动我国 CCUS 全产业链技术进步，为实现国家"双碳"目标和能源行业战略转型贡献中国石油力量！

徐道伟

2023 年 8 月

# 前 言

CCUS-EOR 是二氧化碳捕集、利用与封存（Carbon Capture, Utilization and Storage）体系中专用于强化采油或提高采收率（Enhanced Oil Recovery）的技术，包括了二氧化碳捕集、输送、驱油与埋存全流程，是实现中国石油天然气集团有限公司"双碳"目标和油田提高采收率的重要技术途径。CCUS-EOR 油藏工程设计技术是研究解决二氧化碳驱油环节生产指标变化的专项技术，是 CCUS-EOR 资源潜力评价、开发方案编制和生产动态分析的核心技术。CCUS-EOR 油藏工程设计技术包括气驱油藏数值模拟技术、二氧化碳埋存模拟技术、气驱油藏工程方法、注气井筒流动剖面预测技术、气驱试井分析技术；中国在二氧化碳埋存矿化反应数值模拟和气驱油藏工程方法两个方向的研究在国际上比较突出，总结 CCUS-EOR 油藏工程设计技术，对于推动 CCUS 业务高质量发展具有重要意义。

本书第一章主要介绍了二氧化碳驱技术发展历程、二氧化碳驱油与埋存机理，以及 CCUS-EOR 油藏工程设计技术研究现状，由何东博、王正茂、王高峰、于志超等编写。第二章吸收了 CCUS-EOR 开发方案编制和管理指导意见，着重介绍了 CCUS-EOR 开发方案设计原则和 CCUS-EOR 油藏工程设计的主要内容，由何东博、王正茂、王连刚、王高峰、李金龙、王昊、李敏、郭西峰、刘名、孙蓉、刘媛、王睿思、魏勇、王晓燕、刘存辉等编写。第三章重点分析了气驱油藏数值模拟可靠性，详细介绍了若干用于确定二氧化碳驱油藏生产指标的实用气驱油藏工程方法，为综合论证关键气驱生产指标提供了新依据，由王高峰、何东博、郑雄杰、张云海、伍藏原、王正波、张龙等编写。第四章重点介绍了气驱油藏工程方法在油藏资源潜力评价、CCUS-EOR 油藏工程方案设计和二氧化碳驱油生产动态分析中的应用，由王高峰、黄春霞、李花花、余光明、刘名、伍藏原、吕文峰、王锦芳、马晓丽、毕永斌等编写。第五章简要介绍了我国若干代表性二氧化碳驱油项目基本情况与基本实践认识，由王高峰、祝孝华、郑国臣、尹丽娜、雷友忠、李敏、余光明、雷欣慧、郑家鹏、姚杰、陈强、张雪涛、梁飞、宣英龙、陈少勇、顾潇、李实、叶永平等编写。

本书出版受中国石油天然气集团有限公司资助。在本书编写过程中得到了胡永乐、廖广志、秦积舜、孔令峰、陈丙春、田昌炳等专家的帮助。谨在本书出版之际，向以上专家表示衷心感谢！

由于作者水平有限，疏漏在所难免，敬请广大读者批评斧正。

# 目 录

# 第一章　CCUS-EOR 油藏工程研究现状

气驱油藏工程可细分出气驱油藏数值模拟技术、$CO_2$ 地质埋存矿化反应数值模拟技术、气驱油藏工程方法、注气井筒流动剖面预测技术、气驱油藏试井分析技术 5 个技术方向。中国在 $CO_2$ 地质埋存矿化反应数值模拟技术和气驱油藏工程方法两个方向的研究在国际上比较突出。

本章主要对 CCUS 产业技术发展历程、CCUS-EOR 油藏工程研究的依据，以及 $CO_2$ 驱生产指标研究现状进行了介绍。

## 第一节　CCUS-EOR 产业技术发展历程

### 一、概念的由来

$CO_2$ 是地球环境中的自然成分，如果过量则会对气候造成严重影响。目前大气层中的 $CO_2$ 含量比工业时代开始时增加了 47%，导致气温上升，海洋酸化，极端天气日益频繁和更加极端，因此必须控制 $CO_2$ 向大气中的排放。控制碳排放、实现碳中和的主要途径包括节约能源、清洁能源开发利用、经济结构转型和碳封存等。其中，碳捕集与封存技术对扭转地球升温造成的影响至关重要。碳捕集与封存（Carbon Capture and Storage，简称 CCS）是指将大型碳源所产生的 $CO_2$ 收集起来，并用各种方法储存以避免其排放到大气中的一种技术。这种技术被认为是未来大规模减少温室气体排放、减缓全球变暖最可行的兜底方法。即使到 2050 年达到净零排放，我们仍必须减少大气中的 $CO_2$，这意味着需要持续创新技术。

CCS 概念于 20 世纪 70 年代提出，提出时间要比石油行业 $CO_2$ 驱强化采油技术应用晚若干年。所以 CCS 包括的三个环节，即碳捕集、碳运输、碳封存及其相应的技术不是独立的、新的技术，而是早已在化工行业、石油行业存在的技术组合。

CCUS 概念源起美国，1997 年麻省理工学院的教授在美国能源部资助的研究项目中公开提出了 "Carbon Capture Reuse and Sorage" 概念，强调了 $CO_2$ 的循环利用。

2006 年 4—6 月，在主题为"温室气体的地下埋存及在提高油气采收率中的资源化利用"的香山科学会议第 276 次讨论会上和主题为"温室气体（$CO_2$）控制技术及关键问题"的香山科学会议第 279 次讨论会上，提出 $CO_2$ 减排必须与资源化利用相结合，是符合中国国情的控制温室气体排放的技术途径，被视为中国 CCUS 概念的起源，实现了 CCS 技术在中国的新发展。我国对该技术驱油利用环节的理论技术探索始于 20 世纪 60 年代，比美国落后 10 余年，却也称得上由来已久，但大规模的集中力量攻关研究是从 2006 年开始的。进入 21 世纪以来，国际上应对气候变化形势逐渐变得紧迫，中国等碳排放量较大的国家面临的气候谈判压力日益增加。学术界和工业界根据国情明确，中国碳减排需要走一条 $CO_2$ 资源化利用之路。中国的二氧化碳捕集、利用与封存（CCUS）工作开启了新的局面。

根据 $CO_2$ 资源化利用方式，CCUS 可分为驱油类、驱气类、地浸采矿类、化工类、生物质类等多种技术类型。其中，驱油类 CCUS 即 $CO_2$ 强化采油与地质封存，是将 $CO_2$ 捕集后运输到油田，再注入油藏驱油提高采收率，同时通过循环注气实现产出 $CO_2$ 回注和注入 $CO_2$ 永久地质埋存的过程，驱油类 CCUS 常用英文缩写 CCUS-EOR 表示。

CCUS-EOR 是 CCUS 体系中专用于强化采油或提高采收率（EOR）的技术，包括了碳捕集、输送、驱油与埋存全流程；CCUS-EOR 技术与传统的 $CO_2$ 驱油技术的内涵有所不同，后者可以只包括注入、驱替、采出与处理这几个环节，而前者还须要包括捕集、运输与封存相关内容。CCUS-EOR 技术的大规模深度碳减排能力已得到实践证明，是目前最为重要的 CCUS 技术方向，得到了学术界和工业界的高度重视。

## 二、国外二氧化碳驱油产业技术沿革

国际上 $CO_2$ 驱油技术十分成熟，从捕集到输送再到驱油利用与封存的全流程都已配套完善。据 Chevron 石油公司学者 Don Winslow 对三次采油类项目的统计，北美地区 $CO_2$ 驱提高采收率幅度在 7%~18% 之间，平均为 12.0%。2015—2020 年，国际油价低位徘徊，$CO_2$ 驱油项目数基本稳定。2021 年以来，油价高企，在新的应对气候变化形势下，不少国家和大型企业陆续更新制定碳减排和 CCUS 技术应用规划，CCUS-EOR 项目数呈快速上升势头。

世界范围内，注气驱油技术已成为产量规模居第一位的强化采油技术。在气驱技术体系中，$CO_2$ 驱技术因其可在驱油利用的同时实现碳封存，兼具经济和环境效益而倍受工业界青睐。$CO_2$ 驱技术在国外已有 60 多年的连续发展历史，技术成熟度与配套程度较高，凸显出规模有效碳封存效果。

### 1. 欧美地区二氧化碳驱技术沿革

美国历史文化和社会经济与欧洲高度融合，很多工业技术的发展与欧洲密不可分。同海上油田相比，陆上油田实施 $CO_2$ 驱等提高采收率技术具有便利性，这是 $CO_2$ 驱在美洲大陆而非北海油田获得重大发展的重要原因。

20 世纪中叶，美国大西洋炼油公司（The Atlantic Refining Company）发现其制氢工艺过程的副产品 $CO_2$ 可改善原油流动性，Whorton 等于 1952 年获得了世界首个 $CO_2$ 驱油专利。这是 $CO_2$ 驱油技术较早的开端，是对前人在 20 世纪 20 年代关于 $CO_2$ 驱油设想的技术实现。

1958 年，Shell 公司率先在美国二叠系储层成功实施了 $CO_2$ 驱油试验。

1972 年，Chevron 公司的前身加利福尼亚标准石油公司在美国得克萨斯州 Kelly-Snyder 油田 SACROC 区块投产了世界首个 $CO_2$ 驱油商业项目，初期平均提高单井产量约 3 倍。该项目的成功标志着 $CO_2$ 驱油技术走向成熟。

1970—1990 年发生的 3 次石油危机使人们认识到石油安全对国家经济的重要作用。一些石油消费大国不断调整和更新能源政策和法规，激励强化采油技术研发与相关基础设施建设，以降低石油对外依存度。美国在 1979 年通过了石油超额利润税法，促进了 $CO_2$ 驱等 EOR 技术发展。1982—1984 年，美国大规模开发了 Mk ElmoDomo、Sheep Mountain 等多个 $CO_2$ 气田，建设了连接这些巨型 $CO_2$ 气田和油田的输气管道的干线并不断完善。这些工作为规模化实施 $CO_2$ 驱油项目提供了 $CO_2$ 气源保障。1986 年，美国 $CO_2$ 驱油项目数达到 40 个。

2000 年以来，原油价格持续攀升，给 $CO_2$ 驱油技术发展带来利润空间，吸引了大量投资，新投建项目不断增加。据 2014 年数据，美国已有超过 130 个 $CO_2$ 驱油项目在实施，$CO_2$ 驱年产油约 $1600×10^4t$（与中国各类三次采油技术年产油总和相当），实施 $CO_2$ 驱的油田年产油接近 $2000×10^4t$，规模超过 70% 的碳源来自 $CO_2$ 气藏。

2014—2020 年，国际油价持续低位徘徊，对 $CO_2$ 驱相关技术推广带来不利影响，$CO_2$ 驱项目数基本稳定。2020 年，美国 $CO_2$ 驱项目中达到百万吨年产油规模的项目仅有 6 个（图 1-1）。

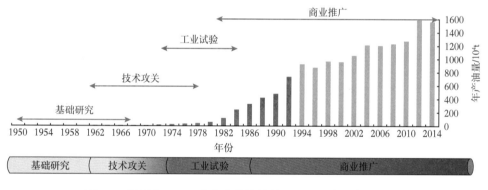

图 1-1　根据《Oil&Gas》杂志统计的美国 $CO_2$ 驱产量变化情况

加拿大 $CO_2$ 驱技术研究开始于 20 世纪 90 年代，2014 年实施 8 个 $CO_2$ 驱项目，最具代表性的是国际能源署温室气体封存监测项目资助的 Weyburn 项目。该项目年产油近 $150×10^4t$，气源为煤化工碳排放；通过综合监测，查明地下运移规律，以建立 $CO_2$ 地下长期安全封存技术和规范。

俄罗斯 $CO_2$ 驱油技术研发开始于 20 世纪 50 年代并开展了成功的矿场试验，因其油气资源丰富且经济体量不大，对强化采油技术应用没有迫切需求，油田注气仅为小规模的烃类气驱项目。

巴西有 4 个 $CO_2$ 驱项目，其中 1 个是深海超深层盐下油藏项目。特立尼达和多巴哥有 $CO_2$ 驱项目 5 个。

据 Chevron 石油公司学者 Don Winslow 对三次采油类项目的统计，北美地区 $CO_2$ 驱提高采收率幅度 7%~18%，平均值为 12.0%。

在国际上，特别是北美地区，经历了超过 50 年的连续矿场应用，$CO_2$ 驱技术已成为水驱之后最为重要的提高采收率技术。到 2021 年，在北美地区基于 $CO_2$ 驱技术采出的原油已接近 $20×10^8$ bbl[❶]，日产油量最大时达到 $25×10^4$ bbl；$CO_2$ 注入井达到 14000 口，对应的采油井达到 17000 口；相应的 $CO_2$ 集输管线已超过 8000km。北美地区能够持续实施大规模 $CO_2$ 驱技术，早期主要得益于巨型 $CO_2$ 气藏的发现，保障了充足、稳定和价格低廉的 $CO_2$ 气源供给；并逐步扩大了工业排放 $CO_2$ 的规模捕集和利用。在北美地区 $CO_2$ 提高采收率项目中，超过 70% 的 $CO_2$ 注入来自若干巨型和大型 $CO_2$ 气藏，工业碳源约占 30%[1-2]。

**2. 亚非地区二氧化碳驱发展历程**

东南亚和日本与 $CO_2$ 驱油相关的研发和应用开始于 20 世纪 90 年代，至今仅有零星的几个注 $CO_2$ 项目，但随着海上高含天然 $CO_2$ 气藏的大规模开发，$CO_2$ 驱油得到快速发展。

中东和非洲油气资源丰富。2016 年，ADNOC 开始向 Rumaitha 和 Bab 油田注气，2018 年开始将钢厂捕集的 $80×10^4$t $CO_2$ 注入陆上 Habshan 油田；阿尔及利仅有 In Salah 这一个纯粹的 $CO_2$ 地质封存项目；根据目前资料判断中东和北非两个地区 $CO_2$ 驱油与埋存技术，即驱油类 CCUS 技术的大规模商业化应用将于 2025 年前后获得突破。

**三、国内二氧化碳驱油产业发展历程**

**1. 历年重要事件**

我国油藏条件的特殊复杂性造就了我国 $CO_2$ 驱油技术发展的不同历程。20

---

❶ 1bbl=0.159m$^3$。

世纪 60 年代，大庆油田在长垣开始了注 $CO_2$ 提高采收率技术的最早探索；2000 年前后，江苏油田、吉林油田、大庆油田相继开展多个井组试验，进一步探索或验证多种类型油藏 $CO_2$ 驱提高采收率可行性，获得了一批重要成果。2005 年前后，在应对气候变化政策的导向下，工业界和学术界根据国情明确了我国碳减排要走 $CO_2$ 资源化利用之路，意味着二氧化碳捕集、利用与封存（CCUS）概念在中国的形成。十多年来，我国大型能源公司投入巨资，陆续设立了多个科技和产业项目，基本形成了有特色的 $CO_2$ 驱油与埋存配套技术，建成了若干代表性 CCUS-EOR 示范工程。

1965 年，大庆油田在长垣开展井组注碳酸水试验。

1990 年前后，大庆油田和法国石油研究机构合作开展 $CO_2$ 驱油技术研究和矿场试验，取得一系列重要认识。

2000 年前后，跟踪国内外应对气候变化政策，制定低碳发展战略。

2005 年，中国石化华东分公司草舍油田 $CO_2$ 驱先导试验开始现场注入，该试验对中国在一般低渗透油藏开展 $CO_2$ 驱起到了引领作用。

2006 年，中国石油与中国科学院等单位联合发起"中国的温室气体减排战略与发展"香山会议，提出 CCUS 理念。同年，以中国石油承担的国家"973"计划项目"温室气体提高石油采收率的资源化利用及地下封存"为发端，开始集中优势力量进行 $CO_2$ 驱油与埋存技术专项攻关试验。

2007 年，大庆油田树 101、芳 48 区块 $CO_2$ 驱开始现场注入。

2008 年，胜利油田高 89 和吉林油田黑 59 先导试验开始现场注入；同年，$CO_2$ 驱国家科技重大专项开始实施。

2009 年，中原油田中高渗透近废弃油藏濮城 1 井组开始现场注入。

2010 年，大庆油田海拉尔地区的贝 14 区块强水敏区块开始现场注入。

2011 年，大庆油田海拉尔贝 14 区块 $CO_2$ 驱先导试验开始现场注入。

2012 年，国家发展和改革委员会批准中国石油建设国家能源 $CO_2$ 驱油与埋存技术研发（实验）中心。同年，吉林黑 79 北小井距试验区投注，陕西延长石油集团有限责任公司（简称：延长石油）的乔家洼试验区开始现场注入。

2013 年，在科学技术部社会发展科技司指导下，30 多家企业和高等院校成立 $CO_2$ 捕集利用与封存产业技术创新战略联盟。

2014 年，中国石油首个全流程系统密闭黑 46 区块 $CO_2$ 驱推广项目投运，中国石油启动长庆油田 $CO_2$ 驱油与埋存技术研究和试验；同年，延长石油吴起试验区开始现场注入。

2019 年，中国石油启动新疆油田八区 530 砾岩油藏 $CO_2$ 驱油试验。

2020 年，在国家重点研发计划项目支持下，延长石油杏子川试验区开始现场试注。这一年，中国石油建成了百万吨级 $CO_2$ 注入能力。

2021 年，中国石油组织编制了《新能源新业务发展专项规划》，《中国石油 CCUS-EOR 规划部署》是其重要组成部分，保障公司 2060 年实现碳中和。同年，中国石化启动建设中国首个百万吨级 CCUS 项目（齐鲁石化—胜利油田 CCUS 项目）。

2022 年，中国石油向油藏注 $CO_2$ 首次突破 $100 \times 10^4 t$，CCUS-EOR 工作迈上了新台阶，入选国家能源局发布的"2022 年全国油气勘探开发十大标志性成果"。

**2. 整体发展情况**

经过近 20 年持续攻关研究，我国基本形成 $CO_2$ 驱油试验配套技术，建成了多个 $CO_2$ 驱油与封存技术矿场示范基地，例如：中国石油在吉林油田建成了国内首套含 $CO_2$ 天然气藏开发与 $CO_2$ 驱油封存一体化密闭系统，包括集气、脱水、超临界注入、集输处理、循环注气等模块；中国石化在胜利油田建成了国内外首个燃煤电厂烟气 $CO_2$ 驱油与封存一体化系统；延长石油建成了建成国内首个煤化工 $CO_2$ 驱油与封存系统等。经过多年攻关，我国基本形成 $CO_2$ 驱油试验配套技术，建成 $CO_2$ 驱油与封存技术矿场示范基地。松辽盆地驱油类 CCUS 技术成熟度高，具备大规模推广的现实技术条件。

我国在应用和发展 $CO_2$ 驱油技术时学习和借鉴了美欧的成功经验，并考虑了国情和油藏特点，发展和形成了涵盖捕集、选址、容量评估、注入、监测和模拟等在内的关键技术，为全流程 CCUS-EOR 工程示范提供了重要的技术支撑，并在实践过程中逐步完善和成熟。中国在 CCUS-EOR 技术研发与实践方面也开始展现自己的特色与优势。在驱油理论方面，扩展了 $CO_2$ 与原油的易混相组分认识，为提高混相程度和改善非混相驱效果提供了理论依据；在油藏工程设计方面，建立了成套的 $CO_2$ 驱油全生产指标预测油藏工程方法，为注气参数设计和生产调整提供了不同于气驱数值模拟技术的新途径；在长期埋存过程的仿真计算方面，基于储层岩石矿物与 $CO_2$ 的反应实验结果，建立了考虑酸岩反应的数值模拟技术；在地面工程和注采工程方面，形成了适合中国 $CO_2$ 驱油藏埋深较大且单井产量较低的实际情况的注采工艺技术；在系统防腐方面，建立了全尺寸的腐蚀检测中试平台，满足了注采与地面系统安全运行的装备测试需求[2]。

经过近 20 年来的攻关研究与矿场试验，中国已累计注入 $CO_2$ 千万吨规模，获得了系列 CCUS 新认识新进展：可以大幅度提高原油采收率、具备大规模碳埋存条件和能力、具备碳捕集工程设计与建造能力、形成了以大型超临界压缩机为代表的 CCUS 成套装备制造能力，建成了若干气相／超临界—密相／液相 $CO_2$ 长距离输送管道，配套形成了 CCUS-EOR 全流程技术，进入了商业化推广阶段。

根据驱油类 CCUS 技术发展水平，我国石油企业可以分为三个梯队：第一梯队是吉林、大庆、胜利、华东、中原等油田，目前都已经具备了 CCUS-EOR 规模应用的技术条件，吉林油田 CCUS-EOR 技术最为配套完善，全流程管理经验最为丰富；第二梯队是长庆、新疆等油田，目前处于先导试验阶段，须立足做好现有矿场试验，近期可考虑进一步扩大试验，深入验证驱油技术和埋存可行性，中长期进行推广；第三梯队是辽河、大港、冀东、华北、吐哈、南方等油田，近期仍要侧重技术研究与小规模试验，配套技术，推广应用应考虑在中长期展开。

我国 $CO_2$ 驱目标油藏类型主要是低渗透油藏，提高采收率幅度在 3%~17% 之间，平均在 10% 左右。我国陆相沉积储层及流体条件较差，注气技术现场应用规模较小，气驱油藏经营管理的经验积累有待丰富，$CO_2$ 驱油技术还有一定的提升空间，全流程 CCUS-EOR 技术应用还有较大的发展空间（表 1-1）。

表 1-1　中国代表性 $CO_2$ 驱油试验项目

| 试验区 | 规模 / 井组 | 驱替类型 | 运输方式 |
| --- | --- | --- | --- |
| 吉林油田黑 59 | 6 注 23 采 | 混相 | 管道 |
| 吉林油田黑 79 | 18 注 60 采 | 混相 | 管道 |
| 吉林油田黑 79 北 | 10 注 19 采 | 混相 | 管道 |
| 吉林油田黑 46 | 28 注 127 采 | 混相 | 管道 |
| 大庆油田芳 48 | 14 注 26 采 | 非混相 | 车载 |
| 大庆油田榆树林 | 69 注 142 采 | 非混相 | 管输 + 车载 |
| 大庆油田贝 14 | 29 注 101 采 | 混相 | 管道 |
| 长庆油田黄 3 | 9 注 39 采 | 混相 | 车载 |
| 新疆油田八区 530 | 15 注 43 采 | 混相 | 车载 |
| 江苏油田草舍 | 5 注 10 采 | 混相 | 船运 |
| 胜利油田高 89 | 10 注 14 采 | 近混相 | 车载 |
| 中原油田濮城 | 10 注 38 采 | 混相 | 车载 |
| 延长油田靖边乔家洼 | 5 注 14 采 | 混相 | 车载 |
| 延长油田吴起 | 5 注 14 采 | 混相 | 车载 |

### 3. CCUS-EOR 产业技术研发

CCUS 作为一项有望实现化石能源大规模低碳利用与深度减排的关键技术，是实现人类社会可持续发展的重要选择，也是我国未来减少 $CO_2$ 排放、保障能源安全和实现可持续发展的重要手段。2006 年的香山科学会议上有关 CCUS 的专家建议得到国家的高度重视。中国政府高度重视、积极应对全球气候变化，通过国家自然科学基金、国家重点基础研究发展计划（国家"973"计划）、国家高技术研究发展计划（国家"863"计划）、国家科技支撑计划、国家科技专项和国家重点研发计划等一系列国家科技计划和专项支持了 CCUS 领域的基础研究、技术研发和工程示范等，有序推进不同行业的 CCUS 技术研发和示范。

多年来，中国石油、中国石化、中国华能集团、国家能源投资集团（由中国国电集团、神华集团合并重组而成）等大型能源公司投入巨资，陆续设立了多个科技和产业项目，基本形成了有特色的 $CO_2$ 驱油与埋存配套技术，建成了若干代表性 CCUS-EOR 示范工程。中国石油组织和承担的主要驱油类 CCUS 研究项目见表 1-2。经过多年攻关，我国基本形成 $CO_2$ 驱油试验配套技术，建成 $CO_2$ 驱油与封存技术矿场示范基地。驱油类 CCUS 技术在我国初步具备大规模推广的现实条件。

表 1-2 中国石油组织和承担的主要 $CO_2$ 驱油研究项目

| 项目名称 | 执行周期 | 项目来源 |
|---|---|---|
| 温室气体提高石油采收率的资源化利用及地下封存 | 2006—2010 年 | 国家 "973" 计划 |
| $CO_2$ 减排、储存和资源化利用的基础研究 | 2011—2015 年 | |
| $CO_2$ 驱油提高石油采收率与封存关键技术研究 | 2009—2011 年 | 国家 "863" 计划 |
| 含 $CO_2$ 天然气藏安全开发与 $CO_2$ 利用技术 / 示范工程 | 2008—2010 年 | 国家科技重大专项 |
| $CO_2$ 驱油与封存关键技术 / 示范工程 | 2011—2015 年 | |
| $CO_2$ 捕集、驱油与封存关键技术研究及应用 / 示范工程 | 2016—2020 年 | |
| 含 $CO_2$ 天然气藏安全开发与 $CO_2$ 封存及资源化利用研究 | 2007—2008 年 | 中国石油重大科技专项 |
| 吉林油田 $CO_2$ 驱油与封存关键技术研究 | 2009—2011 年 | |
| 长庆低渗透油田 $CO_2$ 驱油及封存关键技术研究与应用 | 2014—2020 年 | |

## 4. 中国 CCUS-EOR 工程技术现状

近 20 年来，在国家有关部委的支持下，中国石油组织承担和实施了国家 "973" 计划、国家 "863" 计划、国家科技重大专项，以及中国石油重大科技专项、油田开发重大试验等一大批 CCUS 相关的产业技术研发项目，取得了一批重大技术成果。在吉林油田率先实现了 CCUS-EOR 全流程系统密闭循环，长期安全运行十余年，实现了技术引领，取得了一定的经济效益和显著的社会效益，积累了丰富的 CCUS-EOR 技术矿场应用宝贵经验。

中国石油率先实现了 CCUS-EOR 全流程系统密闭循环，实现了技术引领。

石油行业 CCUS 产业链上所有环节的关键技术，包括碳捕集技术、管道输送与地面工程技术、$CO_2$ 超临界混相驱油机理、$CO_2$ 驱油与埋存油藏工程设计技术、$CO_2$ 驱注采工程技术、$CO_2$ 驱安全风险控制技术，基本配套成熟。具体地，（1）具备了 $CO_2$ 捕集工程建设能力，明确了低浓度下胺法最经济，也适合电厂烟气捕集；（2）建成了 121km $CO_2$ 输送管道，其中超过 1/3 是超临界—密相管道，并且已经试验成功了 $5×10^4 m^3/d$ 超临界—密相输送与注入技术；（3）形成了液相、超临界相 $CO_2$ 注入工艺，实现连续多年安全注入，创新研发的连续油管低成本替代工艺降成本 60% 以上；（4）配套了"防腐—气举—助抽—控套"高效举升工艺，应用近 300 口井，实现了气油比大于 1000 下正常举升生产；（5）创新应用分级气液分输技术，实现了气窜后地面集输系统常态化生产；（6）建成了国内首套大型超临界 $CO_2$ 循环注入系统，实现了 CCUS 全流程"零排放"；（7）研发一剂多效缓蚀阻垢剂，腐蚀速率控制在国标 0.076mm/a 之内，油井免修期高于水驱；（8）建立了低成本运维及管控模式，研发的跨平台大数据智能管控系统可节约人工 40%；（9）自主设计与采购国外设备相结合，建立了行业领先的 $CO_2$ 驱油与埋存研究实验平台，能够获取油藏地质方案编制所需的基础数据；（10）建立了可靠预测关键生产指标的气驱油藏工程方法，为 CCUS 潜力评价和 $CO_2$ 驱油方案设计提供新方法依据，避免国外软件"卡脖子"；（11）提出"混合水气交替联合周期生产"的方案设计与气驱油藏管理技术模式，现场应用效果显著，多个试验区提高采收率 10%~20%，甚至更高（中国石油油气和新能源分公司苏春梅认为 CCUS 是提高采收率的最后一次机会，廖广志副总地质师随即提出了极限采收率问题并认为应追求采收率最大化）。吉林油田孔隙型油藏的 CCUS-EOR 开发技术经受了实践长期检验，形成了可在松辽盆地复制的 CCUS 模式。

## 5. CCUS 迎来了第二次发展浪潮

2020 年 9 月 22 日，在第七十五届联合国大会上，中国宣布 $CO_2$ 排放力争于 2030 年前达到峰值，努力争取 2060 年前实现碳中和。控制碳排放、实现碳中和的主要途径包括节约能源、清洁能源开发利用、经济结构转型和碳封存等。CCUS 作为碳中和技术体系的重要构成，实现了 $CO_2$ 封存与资源化利用相结合，包括了碳捕集、利用与封存的全部流程，是符合中国国情的控制温室气体排放的技术途径。

CCUS-EOR 技术的大规模深度碳减排能力已得到实践证明，是目前最为重要的 CCUS 技术方向，尤其是被视为石油行业碳中和的兜底技术，得到了学术界和工业界的高度重视，CCUS 将迎来第二次发展浪潮。

## 第二节　CCUS-EOR 油藏工程研究依据

### 一、二氧化碳驱油工程研究实践

早在 20 世纪 60 年代，大庆油田就曾探索过注 $CO_2$ 提高采收率小规模矿场先导试验研究。之后，江苏油田在富民油田低渗透复杂断块油藏开展了注 $CO_2$ 先导试验。到 20 世纪 90 年代末，在当时国内注气提高采收率技术可行性研究倡导下，大庆、吉林、华东、胜利、江苏等油田相继开展了室内 $CO_2$ 驱提高采收率实验研究和局部小型矿场试验研究。例如，20 世纪 90 年代初，大庆油田与法国石油研究院合作，在萨南油田开展 $CO_2$ 非混相气水交替试验，取得一定增油效果，由于缺乏碳源和受压缩机装备的制约，只开展了小型矿场试验；大庆榆树林树 101 区块则进一步开展了 $CO_2$ 近混相驱先导试验，取得较显著效果；江苏油田和华东油气分公司利用黄桥 $CO_2$ 气田液态 $CO_2$，开展了矿场先导试验并取得一定成效。2005 年，中国石化华东油气分公司在草舍油田 Et 油藏开展了中国首个 $CO_2$ 混相驱开发矿场试验，采用注气提高地层压力实现了混相驱，存气率达 90%，累计注液态 $CO_2$ $19.6×10^4t$，累计增油超过 $10×10^4t$，比水驱提高采收率 13.2%。现作为中国石化 $CO_2$ 驱推广应用示范基地，正在草舍阜三段油藏、台兴油田阜三段油藏、洲城油田戴一段油藏及海安凹陷张家垛油田阜三段油藏等推广应用。

同期，在"温室气体提高石油采收率的资源化利用及地下埋存""$CO_2$ 驱油与埋存关键技术"等国家重点研发计划科技攻关项目等支持下，吉林油田利用

所发现的高含 $CO_2$ 天然气火山岩气藏在黑 59、黑 79 等区块相继开展了注 $CO_2$ 混相驱先导试验研究，现已成为中国石油注 $CO_2$ 驱主力油田，试验井组已扩大到 90 个以上，设计了专门的超临界态 $CO_2$ 集输管线，已初具规模效应。冀东油田针对稠油水驱油藏首次开展了国内规模化水平井 $CO_2$ 吞吐控水增油矿场试验，取得较显著的技术经济效益。中国石油南方石油勘探开发有限责任公司利用富含 $CO_2$ 气田气开展了凝析气藏开发后期注气提高凝析油采收率矿场试验，设计了专门的 $CO_2$ 集输管线[3]。

中国石油坚决贯彻"双碳"目标指示精神，及时组织力量研究制定了《新能源新业务发展专项规划》，《中国石油 CCUS-EOR 规划部署》是其有机组成。2021 年 7 月，中国石油勘探与生产分公司下发了"四大 CCUS-EOR 工程示范、六小碳驱油碳埋存先导试验"方案编制通知，陆续编制了《吉林大情字井油田黑125—黑 46 区块 CCUS-EOR 开发方案》《冀东高深北区高 66X1 断块 $Es_3^3$ II 组碳驱油碳埋存先导试验》《辽河双 229 区块洼 128 井区沙一段深层特低渗透油藏碳驱油碳埋存试验方案》《华北八里西潜山油藏碳驱油碳埋存先导试验》《南方朝阳油田朝 6 区块碳驱油碳埋存先导试验方案》《大庆敖南油田 CCUS-EOR 开发方案》《长庆姬塬油田宁夏油区 CCUS-EOR 开发方案》《新疆克拉玛依油田八区530 井区 CCUS-EOR 开发方案》《吐哈牛圈湖砂岩油藏碳驱油碳埋存先导试验》《大港叶三拨油田叶 21—叶 22 断块碳驱油碳埋存先导试验》《塔里木轮南油田轮南 2 井区 CCUS-EOR 先导试验方案》等开发/试验方案。作为新业务，CCUS-EOR 技术包括碳捕集、输送、驱油与埋存技术环节，全流程技术方案编制经验不足，为规范 CCUS-EOR 开发方案编制与管理工作，突出 CCUS-EOR 技术特点，提高方案质量，中国石油油气与新能源分公司特制定《CCUS-EOR 开发方案编制与管理指导意见》。

此外，在 CCUS 理念指导下，国内也开始探索 $CO_2$ 提高石油采收率的资源化利用及地下埋存的工业化协同技术的应用。如中原油田在濮城油田沙一井区水驱废弃油藏开展了 $CO_2$ 驱油埋存示范区试验，$CO_2$ 驱油使该油藏起死回生，实现了废弃油藏再开发的目的；同时与河南心连心化工集团有限公司、河南省中原大化集团有限责任公司等企业签订长期战略合作协议，推动企业开展碳捕集，在河南省内形成每年近百万吨的捕集能力。胜利油田在高 89 区块开展了基于花沟天然 $CO_2$ 气及电厂捕集气（$4×10^4$t/a）CCUS 矿场试验，已见到阶段增油效果（注气 $28×10^4$t 时的阶段提高采出程度 5.2%）。长庆油田、延长石油与华能集团合作在鄂尔多斯盆地开展了以化工厂 $CO_2$ 捕集为基础的 CCUS 提高采收率矿场试验。与北美地区相比，总体上国内的注 $CO_2$ 规模虽然还相对较小，但 $CO_2$ 注入井目前已达 200 多个井组。

### 二、二氧化碳驱油藏工程理念发展

李士伦参考国际上对 $CO_2$ 驱提高石油采收率 CMF（连续混相驱）、WAG（水气交替注入）、SWG（同步水气交替注入）、SSWG（异井同步水气交替注入）等油藏工程模式的矿场应用探索，以及 $CO_2$ 驱提高石油采收率同时实施 $CO_2$ 地质封存的 CCUS-EOR 的综合利用理念的形成，并基于 20 世纪下半叶和 21 世纪初国内 $CO_2$ 驱提高石油采收率矿场应用的成功实践，对 $CO_2$ 具有优势的驱油机理以及国内外典型 $CO_2$ 驱提高石油采收率油藏工程理念和开发模式归纳和分析，建议在 CCUS-EOR 油藏工程模式的应用中应注意强化以下技术理念。

#### 1. 二氧化碳注入段塞总量对石油采收率的影响

20 世纪 90 年代，北美地区大多数石油公司报告的 $CO_2$-WAG 石油采收率在 10%~12% 之间，$CO_2$ 注入量在 0.3~0.4HCPV 之间；到 2000 年，提高采收率增长到 18%，$CO_2$ 段塞烃类孔隙体积达到 0.8HCPV；到 2017 年，发现注入 1.9HCPV（循环注气）可使某些油田的预期采收率有望超过 26%。通过循环注气来提高 $CO_2$ 最终采收率，本质上是充分利用超临界 $CO_2$ 在驱油过程中同时形成的前缘多次接触蒸发混相驱以及后缘多次接触凝析混相驱的双重驱油机理，从而实现接近高驱油效率。通过细管测定最小混相压力的实验曾发现，基于注入 1.2HCPV 得到的最小混相压力实际上给出的是前缘多次接触混相压力，而在驱替后缘发生的多次接触凝析混相驱过程要达到驱替效率 90% 以上，需要的驱替倍数至少要达到2.4HCPV以上，明显大于前缘混相压力测试的1.2HCPV。因此，通过多倍孔隙体积注气才能充分发挥超临界 $CO_2$ 后缘凝析混相驱的驱油效率。

## 2. 二氧化碳封存时机选择与封存能力确定

在 CCUS-EOR 实施过程中，何时从 $CO_2$ 驱提高采收率转向 $CO_2$ 储存，取决于剩余油饱和度和非润湿阶段相捕集的组成。后者贯穿于 $CO_2$ 注入的整个周期，通常 75% 的 $CO_2$ 储存发生在项目实施周期的前三分之一阶段，在这个阶段之后，注入的大部分 $CO_2$ 是采出油气中带出的 $CO_2$ 回收后的再循环利用，直到循环注气达到采收率经济极限。

CCUS-EOR 实施过程的目标首先是油藏剩余油的潜力，一般可不考虑地层水的影响。但后期以 $CO_2$ 储存为目标时，储层中剩余的油和水将一起成为商品目标（在有碳减排税激励下）。在这种情况下，尽可能多地将剩余的原油和地层水从油藏中置换出来，并用 $CO_2$ 取代将形成新的开采理念。而同时开采油水所提供的额外储集能力有可能远远超过单纯的提高原油采收率的储集能力。

## 3. 扩大二氧化碳的波及体积的工程模式

北美地区 Weyburn 油田 $CO_2$ 驱项目案例分析显示，综合考虑 $CO_2$ 混相驱、气水交替、直井 + 水平井同时注水注气组合井网、部分 $CO_2$ 循环回注以及与 CCUS 相结合等多项 $CO_2$ 提高采收率油藏工程理念的组合。代表了国际上 $CO_2$ 提高采收率 + 地质封存综合利用技术的发展趋势。由北美地区的经验可以看出，传统 WAG 技术已经在 90% 以上的 $CO_2$ 驱项目中得到应用，并与井型（特别是水平井的普遍实施）、井网密切结合以便最大限度提高波及效率。目的是改善循环回注 $CO_2$ 的波及效率和 $CO_2$ 回收率，从而延长油藏 $CO_2$ 驱的寿命和提高最终采收率。而大多数 $CO_2$ 驱项目都采用梯度 / 混合 WAG 模式来优化 WAG 的管理。传统的 $CO_2$—WAG 技术衍生出连续 $CO_2$ 注入、恒定比例 WAG 注入、混合 WAG 注入以及 SWG/SSWG 注入等多种模式。

北美地区自 20 世纪 70 年代开始实施 $CO_2$ 三次采油工程应用。目前，已形成了 WAG 驱、重力驱、双向气驱、循环气驱、注气吞吐、水平井网注气、$CO_2$

驱水等多种 $CO_2$ 驱油藏工程模式。21 世纪以来，随着水平井 $CO_2$ 驱技术得到了更广泛应用，新的发展趋势是通过进一步深化和完善连续注 $CO_2$ 混相驱、改进的 $CO_2$—WGA 驱、$CO_2$ 重力稳定驱、双向 $CO_2$ 气驱、$CO_2$ 循环气驱、直井 + 水平井网 3D—$CO_2$ 驱等油藏工程模式，特别是结合现代水平井技术的运用，为提高 $CO_2$ 驱 3D 波及效率提供了新的技术支持。有望将石油采收率提高到一个新的水平，同时实现以油藏为靶点的 $CO_2$ 温室气体的大规模工业化地质封存。

**4. 二氧化碳驱提高采收率应特别重视规模化效应和综合利用**

北美地区 $CO_2$—WAG 技术的发展历程显示，大规模开展 $CO_2$ 提高采收率技术的矿场试验，可促进同一技术的配套发展和降低技术成本，形成规模化以及综合利用的总体经济效益。近年来，中国石化华东油气分公司将草舍 Et 组油藏 $CO_2$ 驱技术先后推广到苏北盆地在草中 Ef3 等 15 个区块，共部署 43 注 117 采的开发井网，累计注入已超过 $70×10^4t$，覆盖地质储量近 $1500×10^4t$，$CO_2$ 驱产量占比逐年增大，平均降低年自然递减 2.4%，初步成为中国石化华东油气分公司苏北老区低油价下稳产上产的技术保障。中国石油在吉林油田建立了国内首个 $CO_2$ 混相驱油与地质埋存综合利用工业化示范区。计划 11 个区块，注气井 171 口；预计初期年增油 $2.7×10^4$~$26.1×10^4t$，阶段累计埋存 $CO_2$ 温室气体可达 $300×10^4t$。

国内苏北地区草舍 Et 油藏 $CO_2$ 驱、吉林油田黑 59 等油藏 $CO_2$ 驱、大庆榆树林油田树 101 低渗透油藏注 $CO_2$、中原油田濮城沙一水驱废弃油藏 $CO_2$/ 水交替、胜利油田高 89 特低渗透油藏连续注 $CO_2$ 先导试验、冀东中浅层常规稠油油藏高含水期水平井大规模 $CO_2$ 吞吐等项目，分别探索了注 $CO_2$ 连续混相驱、连续 +WAG、气水井分注 SSWG、CCUS-EOR、水平井 $CO_2$ 吞吐控水增油等提高采收率的油藏工程理念及开发模式的应用效果。

基于北美地区 $CO_2$ 技术发展的回顾，结合国内近 20 年来 $CO_2$ 驱先导试验积累的经验，建议在 CCUS-EOR 油藏工程模式的应用中注意充分发挥超临界 $CO_2$ 在驱油过程中同时形成前缘多次接触蒸发混相以及后缘多次接触凝析混相气驱的双重驱油机理，探索发展循环注 $CO_2$ 显著提高采收率技术、$CO_2$ 驱与井网井型密切结合的 3D 强化波及效率技术。

### 三、二氧化碳驱油与埋存机理

#### 1. 二氧化碳驱油相态研究进展

（1） $CO_2$ 超临界流体特征。

目前，世界上在实施中的注 $CO_2$ 提高采收率矿场先导试验项目或商业项目已达上百个。注 $CO_2$ 技术之所以能取得巨大成功，主要与其超临界态流体特征密切相关。对比常用的注入气介质， $CO_2$ 更具优势，这主要得益于 $CO_2$ 在分子热力学上更接近于油气藏流体中的 $C_2H_6$ 和 $C_3H_8$ 等组分的热力学特征。 $CO_2$ 的临界温度为 31.1℃，临界压力为 7.38MPa；而油气体系中 $C_2H_6$ 的临界温度和临界压力为 32.2℃ 和 4.94MPa； $C_3H_8$ 的临界温度和临界压力为 96.6℃ 和 4.31MPa，而在这一温度压力范围， $CO_2$ 具有显著的超临界流体特征。当处于超临界范围时，在比临界点稍高一点的温度区域内，压力稍有变化， $CO_2$ 的密度变化就非常显著，几乎可与液体相比拟。此时 $CO_2$ 具有很强的光散射效应，呈现出乳光现象，这意味着超临界态 $CO_2$ 分子间的位置关系有其特殊性（图 1-2 ）。

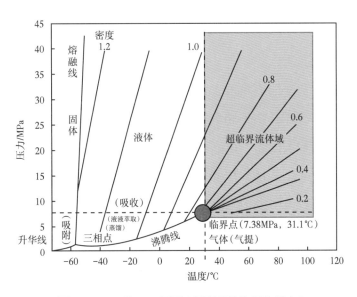

图 1-2　$CO_2$ 的 $p$-$T$ 相图（阴影部分为超临界态）

（2）油藏条件下 $CO_2$ —地层油复杂相态。

超临界 $CO_2$ 压降过程呈现出的乳光特征。处于超临界范围的 $CO_2$ 会呈现出很强的溶剂化能力，扩散系数比液体大，具有良好的传质性能。这使得其对固体溶质或液体溶质的溶解能力显著增加。国外研究者通过对 $CO_2$ 驱油相态特征的测试，证实了 $CO_2$ 的超临界特征对地层原油显著抽提效应形成的第二液相特征（图 1-3），结果显示，大多数 $CO_2$ 与油藏流体的 $p$-$X$ 相图都呈现极为复杂的相态，除了气—液平衡区以外，其中 $CO_2$ 与某些油藏流体形成的体系会呈现出液—液两相平衡区和液—液—气三相平衡区[4]。

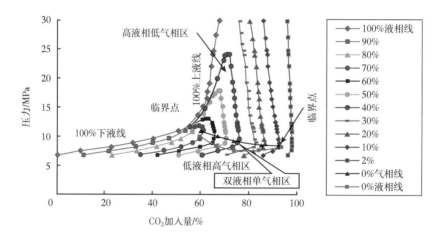

图 1-3　原油混合体系的复杂 $p$-$X$ 相图

（3） $CO_2$ 驱过程固相沉积研究。

在 $CO_2$ 驱油过程中，由于油气体系热力学条件改变，注入的 $CO_2$ 与储层岩石或流体反应产生固相沉淀，可能堵塞孔隙降低油井产能。室内物理模拟实验可采用透光度法测试注入 $CO_2$ 后油相中固相沉积量变化，利用岩心驱替实验研究饱和地层油、模拟油（煤油与真空泵油的混合物，不含沥青质）岩心开展 $CO_2$ 驱对固相沉积的影响。模拟油中注入 $CO_2$ 后会产生沥青质沉淀，产生的沥青质占原油质量的 7.57%； $CO_2$ 驱后岩心渗透率降低幅度随回压的增加而增加，达到混相压力后，渗透率下降幅度趋于平缓。

通过深入开展不同 $CO_2$ 注入量和注入压力条件的固相沉积实验[4]，结果表明：固相沉积主要以胶质、沥青质为主；$CO_2$ 驱固相沉积存在特定的门限压力，沉积区域主要位于混相区，沉积规律呈现缓慢增加、快速上升、逐渐放缓的变化趋势，且固相沉积的析出和溶解过程一定程度上是可逆的；$CO_2$ 驱注入压力应低于固相沉积的门限压力，可有效抑制固相沉积的发生。通过矿场实际应用发现，应用实验成果后可有效降低储层伤害程度，提高油田可持续开采的潜力（图 1-4）。

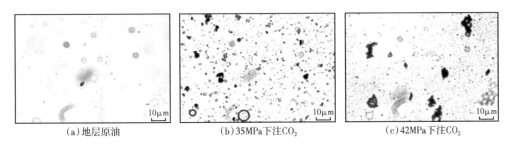

（a）地层原油　　　　　　　（b）35MPa 下注 $CO_2$　　　　　　（c）42MPa 下注 $CO_2$

图 1-4　不同条件下固相沉积可视图[4]

### 2. 二氧化碳驱油机理

驱油与封存机理表明，$CO_2$ 驱油过程可以实现提高石油采收率和碳减排双重目的。原油中溶解 $CO_2$ 可增加原油膨胀能力，改善地层油的流动性；地层压力足够高时，$CO_2$ 可萃取原油的轻—中质组分，逐步达到油气互溶（混相），减少地层中的原油剩余。$CO_2$ 溶于地层水、与岩石反应成矿固化、被地层吸附，或者为构造所圈闭捕获，可永久滞留于地下（美国驱油项目 $CO_2$ 最终封存率为 23%~61%）。$CO_2$ 驱油过程中，部分 $CO_2$ 永久封存地下，产出 $CO_2$ 回收处理循环注入，全过程零碳排放。当油藏条件适合，并且 $CO_2$ 气源价格足够低时，$CO_2$ 驱油与封存项目（即驱油类 CCUS 项目）将会具有显著的经济与社会效益。

大量的研究和实践证明，$CO_2$ 是一种有效的驱油剂，$CO_2$ 驱提高采收率应用十分广泛。在生产实践中，提出了连续注气、气驱后紧接着注水、气驱或水驱后交替注水和注气、同时注入气和水（注碳酸水）。沃纳（Warner，1977）和费耶尔斯（Fayers）等研究证明，水气交替注入要比连续注入效果好。不管 $CO_2$

是以何种方式注入油层，$CO_2$ 之所以能有效地从多孔介质中驱油，主要是使原油膨胀、降低原油黏度、改变原油密度、对岩石起酸化作用、汽化和萃取原油轻组分、压力下降造成溶解气驱、降低界面张力等综合作用的结果。

（1）降低原油黏度。

$CO_2$ 溶于原油后，降低了原油黏度，原油黏度越高，黏度降低越大。40℃时，$CO_2$ 溶于沥青可大大降低沥青的黏度。温度较高时，因 $CO_2$ 溶解度降低，降黏作用变差；在同一温度条件下，压力升高时，$CO_2$ 溶解度升高，降黏作用随之提高。但是，压力过高，若压力超过饱和压力时，黏度反而上升。原油黏度降低时，原油流动能力增加，从而提高原油产量。

（2）改善原油与水流度比。

$CO_2$ 溶于原油后，油相黏度随之降低，增加了原油的流度。水碳酸化后，水的黏度是增加的，据苏联有关文献报道，$CO_2$ 溶于水中，可使水的黏度提高20%以上，同时也降低了水的流度。流度比改善，可扩大波及体积。

（3）使原油体积膨胀。

$CO_2$ 大量溶于原油中，可使原油体积膨胀，原油体积膨胀大小，不但决定于原油分子量的大小，而取决于 $CO_2$ 的溶解量。$CO_2$ 溶于原油，使原油体积膨胀，也增加了液体分子集团的活跃性，从而提高了驱油效率。

（4）萃取中轻烃组分。

当压力超过一定值时，$CO_2$ 混合物能使原油中的一系列烃组分蒸发或汽化。Mikael 和 Palmer 对路易斯安那州 $CO_2$ 混相驱 SU 油藏产出油进行了分析，认为 $CO_2$ 混合物对该油藏原油轻质烃其实存在萃取和汽化作用。该井注 $CO_2$（$CO_2$ 84%，$CH_4$ 11%，$C_4H_{10}$ 5%）之前，原油相对密度为 0.8398；1982年注入 $CO_2$ 混合物后，产出油的最大相对密度是 0.8251；1984年产出油的相对密度为 0.8251；1985年以后产出油相对密度基本稳定在 0.8155。也低于原始原油的相对密度 0.8398。这证明 $CO_2$ 混合物确实存在轻质烃萃取和汽化现象。萃取和汽化现象是 $CO_2$ 混相驱油的重要机理。在该试验中，当压力超过

10.3MPa 时，$CO_2$ 才使原油中轻质烃萃取和汽化。

（5）混相效应。

当地层压力足够高时，$CO_2$ 把原油中的轻质和中间组分提取后自身富化程度提高，同时 $CO_2$ 及其他富气组分溶于下液相，在连续运移和多次接触过程中发生复杂相互作用，促使界面张力消失、达到油气互溶的高能混相状态。混相主要与油藏温度、原油组成和 $CO_2$ 纯度的有关。$CO_2$ 驱产生的成墙轻质液与原油掺混可形成油墙[5]，混相油墙采出阶段对应于油井的高产稳产期。

（6）降低界面张力。

残余油饱和度随着油水界面张力减小而降低；多数油藏的油水界面张力为 10~20mN/m，想使残余油饱和度趋向于零，必须使油水界面张力降低到 0.001mN/m 或者更低。界面张力降到 0.04mN/m 以下，采收率便会更明显地提高。$CO_2$ 驱油的主要作用是使原油中轻质烃萃取和汽化，大量的烃与 $CO_2$ 混合，大大降低了驱替相和被驱替相的界面张力也大大降低了残余油的饱和度，从而提高了原油采收率，特别是在混相和近混相条件下。

（7）分子扩散作用。

非混相 $CO_2$ 驱油机理主要建立在 $CO_2$ 溶于油引起油特性改变的基础上。为了最大限度地降低油的黏度和增加油的体积，以便获得最佳驱油效率，必须在油藏温度和压力条件下，要有足够的时间使 $CO_2$ 饱和原油。但是，地层是复杂的，注入的 $CO_2$ 也很难与油藏中原油完全混合好。特别是当水相将油相与 $CO_2$ 气相隔开时，水相阻碍了 $CO_2$ 分子向油相中的扩散，并且完全抑制了轻质烃从油相释放到 $CO_2$ 相中。多数情况下，$CO_2$ 驱油效果是 $CO_2$ 分子与原油直接接触发生的。在三次采油中，通过 $CO_2$ 驱动水驱替后的残余油的机理至今还没有完全掌握。但是不论何种机制和作用，都必须有足够的时间使 $CO_2$ 分子充分地扩散到油中，因为分子扩散过程是很慢的。

（8）溶解气驱作用。

大量的 $CO_2$ 溶于原油中，具有溶解气驱作用。降压采油机理与溶解气驱相似，随着压力下降 $CO_2$ 从液体中溢出，液体内产生气体驱动力，提高了驱油效果。另外，一些 $CO_2$ 驱替原油后，占据了一定的空隙空间，成为束缚气同时润滑原油，降低吸附功，也会贡献部分原油采收率。

（9）改善储层渗透性。

碳酸化的原油和水，不仅改善了驱替流度比，还有利于抑制黏土膨胀。$CO_2$ 溶于水后显弱酸性，能与油藏的碳酸盐反应，使注入井周围的渗透率提高。

实际 $CO_2$ 驱过程，不论是非混相驱还是混相驱，都是上述多种机理的组合作用的结果。其中，$CO_2$ 非混相驱的主要机理是降低原油黏度，使原油体积膨胀，减小界面张力，对原油中轻烃的部分抽提。当无法采用混相驱时，利用 $CO_2$ 非混相驱也一定幅度的提高低渗透油藏原油采收率。

（10）选择性动用孔喉。

$CO_2$ 对不同尺度孔喉中的原油动用具有选择性。$CO_2$ 动用效果与孔喉大小具有正相关性。整体上，微米级孔喉、亚微米级孔喉、纳米级孔喉的动用效果依次变差。特低渗透油藏微米级孔喉为主，致密砂岩油藏微米级孔喉和亚微米级孔喉为主；储层越致密，动用势必变难。这一机理得到了 $CO_2$ 驱替与核磁共振检测技术的证实，以及可视化驱替实验的佐证。

### 3. 二氧化碳埋存机理

（1）构造捕获机制。

构造捕获机制主要是针对自由气的捕获。向油藏中注入 $CO_2$ 后驱替原油等油藏流体，占据了被驱离原地的地层油、水、气占据的孔隙空间，形成自由气。受构造隆起作用，部分游离气体被束缚在从自由气的构造顶部到溢出点之间的高度范围，如同气顶或次生 $CO_2$ 气藏一样得以长期封存。

（2）溶解捕获机制。

注入油藏中的 $CO_2$ 与剩余油接触并溶解到原油中，也增加了油藏储层中 $CO_2$ 的封存潜力。另外，$CO_2$ 也可以溶解到地层水中，使地层水黏度增加，$CO_2$ 在水中的溶解过程还伴随着电离成氢离子和碳酸氢根离子等电化学过程。一般来说，地层压力越高，$CO_2$ 在地层油和地层水中的溶解度越大，但两种溶解度并不是同速率增长的。溶解机制捕获的 $CO_2$ 就处于溶解态。

（3）矿化捕获机制。

注入油藏中的 $CO_2$ 与地层水接触并溶解到地层水中，形成碳酸水；而这一溶入过程叫作碳酸化，伴随着电离成氢离子和碳酸氢根离子等电化学过程。一般来说，地层压力越高，$CO_2$ 在地层水中的溶解度越大，地层水的酸性越强。碳酸水中的氢离子，在一定条件下可以和含碳酸根离子的岩石矿物发生化学反应，比如砂岩中的钠长石、铁白云石和片钠铝石等，溶解岩石中的部分矿物成分，生成一些新的矿物成分，从而达到永久封存 $CO_2$ 的目的，这就是所谓的 $CO_2$—水—岩反应。通过高温实验加速评价可以确定反应敏感矿物，矿化机制捕获的 $CO_2$ 主要处于成矿固化态。还需指出，矿化捕获机制将使地层水的总矿化度升高，微生物少量固碳并凋亡也归入矿化机制。

（4）束缚捕获机制。

$CO_2$ 注入油藏，在驱替流动过程中，存在着路过微小孔隙并赋存其中的可能性，比如被后续水段塞或微水流在毛细管力的作用下封闭在某些孔隙中，或抽提了盲端原油后滞留其中，这是多相渗流的复杂性造成的。还有一种可能是，$CO_2$ 被储层岩石吸附而不得自由运动，处于被束缚的状态。束缚机制捕获的对象仍然主要是游离态的。

（5）水力封存机制。

压力是油藏开发的灵魂，渗流是在压力梯度下发生的。水气交替注入情况下，油藏中宏观分布 $CO_2$ 的某个区域，在后面水段塞或液体的驱替下，持续向波及区的外边界移动，直至波及范围不再扩大，被后续注入水封闭在某一空间而得以封存。这部分 $CO_2$ 可以存在于岩性边界与后续水体之间，也可以被两部分液相边界所围绕。水力封存机制捕获的对象主要是游离态的，是宏观分布的 $CO_2$。

（6）重力封存机制。

这种机制是源于地下 $CO_2$ 的高密度，在地温梯度较低的区域，$CO_2$ 密度可能高于地层油密度，$CO_2$ 在构造低部位注入，一部分通过长时间的扩散溶解到其上部地层油中，还有一部分即以游离态潜伏于油的下方，形成"上油、下气"或"上油、中气、下水"的分布格局，即便是中高渗透油藏也是稳定的。重力封存机制捕获的对象是游离态的，但这一机制与构造捕获机制不同。该机制在《CCUS-EOR 实用技术》[2] 一书中首次被提出。

（7）埋存量分级分类。

基于构造储存、束缚储存、溶解储存和矿化储存等 $CO_2$ 埋存机制，前人形成了 $CO_2$ 埋存潜力分级分类方法以及不同层次埋存量评价方法：碳封存领导人论坛上提出的 $CO_2$ 理论埋存量计算方法；沈平平等建立了考虑溶解因素的理论埋存量计算方法，并提出了考虑实际油藏驱替特点的"多系数法"有效埋存量预测方法。笔者将 $CO_2$ 驱油项目评价期内的同步埋存量和油藏废弃后 CCS 阶段继续实施碳封存形成的深度埋存量进行了区分。

## 第三节　二氧化碳驱指标预测技术现状

### 一、气驱油藏数值模拟技术

长期以来，气驱过程的复杂性使人们采用多组分气驱数值模拟技术预测气驱生产指标，数值模拟技术成为目前气驱油藏工程主要研究手段。多组分气驱数值模拟技术融合了如下 4 个研究内容：

（1）体现气驱特点的地质建模技术。三维地质模型对于真实储层的反映程度对数值模拟结果有很大影响，主要包括地质模型的质量主要依赖于测井解释模型是否真实反映了岩性、电性、含油气性和物性的关系，沉积相概念模式是否全真反映了地质体展布。

（2）注入气/地层油相态表征技术。主要是利用注入气黏度、密度实验测试结果，地层油高压物性参数实验结果、注入气—地层油混合体系相态实验结果、注入气—地层油最小混相压力实验结果来标定经验状态方程，获得注入气和地层油各组分或者拟组分的状态方程参数和临界参数，为数值模拟提供相态方面基础依据。

（3）油/气/水三相相对渗透率测定技术。相对渗透率曲线是研究多相渗流的基础，是多相流数学描述的基础。在油田开发计算、动态分析、确定储层中油、气、水的饱和度分布及与水驱油有关的各类计算中都是不可少的重要资料。

（4）多组分多相气驱渗流力学数学描述。对于气驱过程的描述主要用油/气/水三相乃至上油相/下油相/富气相/水四相乃至五相流动（考虑沥青等重组分析出的话）。对于各种界面力、流固耦合、水岩作用、竞争吸附的描述方法，以及复杂相运移是否服从连续流和达西定律等问题，学术界还未形成统一的意见。

$CO_2$ 驱等气驱油藏数值模拟主要趋势是驱油研究为主向驱油埋存研究并重，黑油数值模拟彻底转向多组分数值模拟，单纯物理现象为中心的数值模拟向物理化学数值模拟发展，更加深入研究 $CO_2$ 在复杂工况下的特性，以及对 $CO_2$ 驱工程有重要影响的化学反应过程。同时，从油藏工程角度系统总结研究经验并理论化，搭建室内研究通向矿场试验的新桥梁。

### 二、二氧化碳矿化反应数值模拟

$CO_2$ 注入后可以构造和地层捕获、残余捕获、溶解捕获、矿物捕获、水力捕获和重力捕获等方式被固定。其中，矿物捕获是最为安全的碳埋存方式。$CO_2$ 注入地下后，首先与地层水发生溶解、水化作用，形成水溶相的 $CO_2$，随后进一步水化形成碳酸；随着 $CO_2$ 溶解量的不断增加，地层水中碳酸的含量浓度逐渐增大，进而发生一、二级电离，最终形成二价的碳酸根离子。这些碳酸根离子与地层水中的二价碱性阳离子发生沉淀作用，从而以次生碳酸盐的形式将注入的 $CO_2$ 以固体形式捕获。

$CO_2$ 地质埋存数值模拟主要是针对 $CO_2$ 注入后在地下多介质环境中与地层水—岩石—油气等流体相互作用的地球化学问题，模拟地下多相流体运动和地球化学运移耦合的计算机模拟程序，进而开展数值模拟应用研究的。模拟过程主要是以定量描述，地下水流、溶质运移、水文地球化学和地热传导耦合的理论和技术为基础，结合实验室和野外实验手段通过计算机数值模拟来实现的。

截至目前，已经有数量众多的模拟软件被开发用来计算、耦合多相流体运动和地球化学运移规律[6]。其中，由徐天福开发的 TOUGHREACT 数值模拟软件在世界上的应用范围最广。应用 TOUGHREACT 模拟 $CO_2$ 注入地下后的地球化学行为，对 $CO_2$ 地质埋存的中长期安全性做出评价。

TOUGHREACT 是一款非等温反应溶质运移模拟软件，主要应用积分—有限差分数值方法（IFD）来解决模拟过程中的空间离散问题。计算方法与 Reed[7]，Wolery[8] 和 Parkhurst 等[9] 的方法相似，即采用 Newton-Taphson 连续迭代法，将由热传输和流动方程计算所得的温度、相饱和度和流动速度等数据运用于化学运移模拟，逐个计算模型中的基本组分，并将所得组分用于下一步模拟、计算直至收敛。TOUGHREACT 软件内设置了自动时间步长选项，在模拟接近准稳定状态之前，采用较大的时间步长，接近时，采用较小、合适的时间步长。

EQ3/6 为 TOUGHREACT 程序中经常应用的数据库，模拟温度适用范围：0~300℃；压力高达几百个大气压。该软件考虑了不同压力、温度、水饱和度、离子强度、pH 相和 Eh❶ 条件下地质介质中的各种热—生物—物理—化学过程；液相组分中的反应及矿物和流体之间的反应由动力学速率或局部平衡控制。此外，气相也可以参与化学反应；在液相、气相和固相中可容纳任意数量的化学组分；内部的水动力学、生物降解和表面络合作用已包含在其中。同时，该软件还考虑了矿物沉淀和溶解反应对地层孔隙度和渗透率的影响。使得软件可以应用于一、二或三维物理和化学非均质的多孔和裂隙介质中多相流体、热量传输、溶质运移、水—岩—气化学反应的耦合过程模拟。

目前，国内外报道的与 $CO_2$ 反应的主要敏感矿物包括：铁白云石、方解石、片钠铝石、菱铁矿、菱镁矿等碳酸盐矿物；石英、钠长石、钾长石、黏土等硅酸盐矿物。上述这些矿物都是提供二价阳离子的前提矿物，这些前提矿物可以源源不断地提供固碳矿物的物质来源。这里的固碳矿物是指 $CO_2$ 注入后，与敏

❶ Eh——氯化还原电位。

感矿物发生地球化学反应新生成的碳酸盐矿物。这些碳酸盐矿物主要有片钠铝石、方解石、铁白云石、菱铁矿、菱镁矿等。其中，单位体积固碳能力最强的是菱镁矿，大约为 155kg/m³；其次是菱铁矿，大约为 147kg/m³；随后是方解石和铁白云石、最后是片钠铝石。要想实现地质时期内的 CCS 埋存过程数值模拟，首先必须建立一个 $CO_2$—流体—矿物的地球化学反应动力学数据库。各矿物的平衡常数是温度的函数，是地球化学计算中非常重要的参数之一。反应动力学速率常数，由中性、酸性和碱性 3 个机制组成。目前已经建立了常见矿物在各种机制下的反应动力学数据。

国内外开展了大量研究的二氧化碳合同埋存室内实验研究和数值模拟研究工作，取得了一系列基本认识。Dávila 等研究了西班牙 Hontomín 地区高氯化钠和富硫酸盐地层水中 $CO_2$ 封存问题，系统分析了 $Ca^{2+}$、$S^{2-}$、$Fe^{2+}$ 和 $Si^{4+}$ 等反应前后的变化，指出方解石溶蚀、石膏沉淀和少量硅酸盐溶蚀是主要的矿物变化。Mohamed 等的研究认为温度是影响硫酸钙沉淀的主要参数，注入速率没有显著影响，高盐度条件下硫酸钙更易沉淀；Liu 等在研究美国中西部 Mt. Simon 砂岩地层中 $CO_2$ 封存时，发现大量长石溶蚀与黏土矿物沉淀；Yu 等研究了松辽盆地南部饱和 $CO_2$ 地层水驱流动过程中的水岩作用，指出不同矿物演化特征的差异性：方解石溶解程度最大，片钠铝石次之，铁白云石最弱，自生钠长石和微晶石英未发生明显的溶蚀作用；针对鄂尔多斯盆地三叠系延长组 7 段 $CO_2$ 封存过程研究认为，钾长石、钠长石及方解石溶蚀强度最大，绿泥石、高岭石等黏土矿物的溶蚀、迁移与沉淀对储集性能有重要影响。从固碳矿物来看，方解石、白云石及蒙皂石，还有菱铁矿和高岭石等。借助场发射扫描电镜原位对比确认反应后菱铁矿矿物的粒径与形态和高岭石分布面积均呈明显的增大趋势，封存时间达1000 年时，菱铁矿体积变化系数为 0.45%，高岭石体积变化系数为 0.28%，分布范围最远可达距离注入井600m 的范围。以松辽盆地南部乾安地区扶余油层为例，TOUGHREACT 软件数值模拟结果表明，从第 10 年到第 10000 年，$CO_2$ 封存方式从以构造残余封存为主逐渐变为构造残余封存、矿物封存和溶解封存并重。

### 三、气驱油藏工程方法

气驱油藏工程研究包括气驱油藏工程方法、气驱数值模拟技术和气驱试井分析等技术方向。正因为意识到陆相低渗透油藏气驱数值模拟方法的可靠性不到 50%，并且往往是指标过于乐观，人们不得不转向气驱油藏工程方法研究。气驱油藏工程方法研究需要用到气驱油藏工程学，气驱油藏工程学以物理学和油藏工程基本原理为依据，以油藏工程、油层物理和渗流力学基本概念为研究基础，目的是研究注气驱油过程中油、气、水的运动规律和驱替机理，快速准确地获得注气工程参数、求取合理气驱采油速度和采收率、评价气驱开发效果，并为气驱生产注采井工作制度的确定提供依据。

气驱油藏工程方法研究需要对油藏产状、井网井型、开发特征等有充分的认识。至于低渗透油藏气驱油藏工程研究要明确和论证注气提高采收率的主要机理。在此基础上，研究低渗透油藏气驱产量或气驱采油速度、低渗透油藏气驱采收率、气驱综合含水率、气驱的见气见效时间、高压注气油墙规模与气驱稳产年限、气驱油墙物性与生产井的合理流压、气驱的合理井网密度与极限井网密度、适合 $CO_2$ 驱低渗透油藏筛选、气驱注采比、水气交替注入段塞比等关键注气工程参数。这些参数都要以系统完整的低渗透油藏气驱开发成套理论为依据，才能快速编制可靠的注气开发方案。

2011—2020 年，依托国家科技重大专项"$CO_2$ 驱油与埋存关键技术"、重大开发试验跟踪评价研究、中国石油科技重大专项"长庆油田 $CO_2$ 驱油与埋存关键技术"等项目，围绕气驱生产指标可靠预测和效果评价技术难题开展了油藏工程方法研究，创造性提出了"气驱增产倍数、气驱油墙描述"等关键概念和研究思路，建立了基于产量预测的成套气驱油藏工程方法，在气驱油藏工程理论方面获得系统性创新，经过了大量实例的验证。建立了包括气驱产能确定、开发阶段划分、配产配注设计，技术经济潜力评价，及多源汇系统开发规划在内的一整套气驱油藏工程方法，为气驱生产指标预测提供了有别于数值模拟技术的新途径，是近十年来油藏工程学科取得的有特色且实用的研究进展，构成了中国特色气驱开发理论方法的主要内容。

### 四、非纯气体井筒流动剖面模拟

井筒—地层一体化组分模拟是油气藏多相多组分流数值模拟和油气井管流数值模拟的联合，既可以预测油井油压和注气井的注入压力，也可为工程计算和分析提供更多有益信息。井筒传热方程、管流压力方程和 PR 状态方程三者构成非纯组分注气采气井流动剖面预测，可以用于预测井筒内出现相变的情况。

考虑局部损失的压力方程为：

$$\frac{\mathrm{d}p}{\mathrm{d}L} = \rho v \frac{\mathrm{d}v}{\mathrm{d}L} + \rho g \sin\theta + 2f\frac{\rho v^2}{D} + \delta\xi\frac{\rho v^2}{2\mathrm{d}L} \tag{1-1}$$

井筒传热模型：

$$\frac{\mathrm{d}T}{\mathrm{d}L} = -\frac{c_{\mathrm{Tw}}}{\rho A v c_p}\left(T - T_{\mathrm{e}}\right) - \frac{1}{c_p}\left(g\sin\theta + v\frac{\mathrm{d}v}{\mathrm{d}L}\right) - C_J\frac{\mathrm{d}p}{\mathrm{d}L} + \frac{1}{c_p}\frac{2f_{\mathrm{T}}v^2}{D} \tag{1-2}$$

其中

$$c_{\mathrm{Tw}} = \frac{2\pi r_{\mathrm{to}} U_{\mathrm{to}} k_{\mathrm{e}}}{r_{\mathrm{to}} U_{\mathrm{to}} f_{\mathrm{D}} + k_{\mathrm{e}}}$$

$$f_{\mathrm{D}} = \begin{cases} 1.1281\sqrt{t_{\mathrm{D}}}\left(1 - 0.3\sqrt{t_{\mathrm{D}}}\right) & t_{\mathrm{D}} = \dfrac{\alpha t}{r_{\mathrm{wb}}^2} \leqslant 1.5 \\ \ln t_{\mathrm{D}} + 0.4063\left(1 + 0.6/\sqrt{t_{\mathrm{D}}}\right) & t_{\mathrm{D}} > 1.5 \end{cases}$$

$$\frac{1}{U_{\mathrm{to}}} = \frac{r_{\mathrm{to}}}{r_{\mathrm{ti}}h_{\mathrm{f}}} + \frac{r_{\mathrm{to}}\ln(r_{\mathrm{to}}/r_{\mathrm{ti}})}{k_{\mathrm{t}}} + \frac{r_{\mathrm{to}}\ln(r_{\mathrm{ins}}/r_{\mathrm{to}})}{k_{\mathrm{ins}}} + \frac{r_{\mathrm{to}}}{r_{\mathrm{ins}}(h_{\mathrm{anc}} + h_{\mathrm{anr}})} +$$
$$r_{\mathrm{to}}\sum_1^{n_{\mathrm{w}}}\left[\frac{\ln(r_{\mathrm{caso}}/r_{\mathrm{casi}})}{k_{\mathrm{cas}}} + \frac{\ln(r_{\mathrm{cem}}/r_{\mathrm{caso}})}{k_{\mathrm{cem}}}\right]$$

井筒流动视为一维时，可认为气液两相处于均匀掺混状态，压力方程中的压缩因子为双相压缩因子：

$$z = e_{\mathrm{V}}z_{\mathrm{V}} + \left(1 - e_{\mathrm{V}}\right)z_{\mathrm{L}} \tag{1-3}$$

气、液相压缩因子应用 PR 状态方程得到：

$$p = \frac{RT}{V-b} - \frac{a(T)}{V(V+b)+b(V-b)} \tag{1-4}$$

物料守恒方程为：

$$z_i = e_V y_i + (1 - e_V) x_i \tag{1-5}$$

式中　$t$——时间，s；

　　　$h$——高程，m；

　　　$R$——普适常数，J/（K·mol）；

　　　$z$，$z_V$，$z_L$——双相、气相和液相压缩因子；

　　　$z_i$，$x_i$，$y_i$——总组成、液相组成和气相组成；

　　　$V$——摩尔体积，m$^3$；

　　　$e_V$——气化分率；

　　　$g$——重力加速度，m/s$^2$；

　　　$D$——油管内径，m；

　　　$p$——压力，Pa；

　　　$T$——温度，K；

　　　$\rho$——密度，kg/m$^3$；

　　　$r_{ti}$——油管内外半径，m；

　　　$r_{to}$——油管外半径，m；

　　　$r_{ins}$——绝热层外半径，m；

　　　$r_{cem}$——水泥环外半径，m；

　　　$k_e$，$k_t$——地层、油管热导率，W/（m·K）；

　　　$U_{to}$——综合传热系数，W/（m$^2$·K）；

　　　$C_J$——焦—汤系数，K/Pa；

　　　$\alpha$——地层热扩散系数，m$^2$/s；

　　　$r_{wb}$——参考井径，m；

$c_{Tw}$——等效传热系数，J/（K·m）；

$c_p$——比热容，J/（kg·K）；

$h_{anc}$——油管和环空对流换热系数，W/（m²·K）；

$h_{anr}$——环空辐射换热系数，W/（m²·K）。

式（1-1）至式（1-5）构成了新的凝析气井流动剖面预测模型，可对温度、压力等变量构成的方程组应用四阶龙格—库塔格式一次性求解，也可对温度、压力变量进行交替求解。两方法本质相同，但前者编程求解的难度较低[10]。

▶▶ 参考文献 ▶▶

[1] 王高峰，秦积舜，孙伟善. 碳捕集、利用与封存案例分析及产业发展建议[M]. 北京：化学工业出版社，2020.

[2] 王高峰，祝孝华，潘若生. CCUS-EOR实用技术[M]. 北京：石油工业出版社，2022.

[3] 王高峰，秦积舜，胡永乐，等. 低渗透油藏气驱"油墙"物理性质描述[J]. 科学技术与工程，2017，17（1）：29-35.

[4] 郑文龙. 低渗透油藏 $CO_2$ 驱固相沉积规律实验研究[J]. 油气地质与采收率，2021，28（5）：31-136.

[5] 王高峰，秦积舜，黄春霞，等. 低渗透油藏二氧化碳同步埋存量计算[J]. 科学技术与工程，2019，19（27）：148-154.

[6] Bolton E W, Lasaga A C, Rye D M. Long-term flow/chemistry feedback in a porous medium with heterogenous permeability：Kinetic control of dissolution and precipitation[J]. American Jounal of Science, 1999, 299：1-68.

[7] Reed M H. Calculation of multicomponent chemical equilibria and reaction processes in systems involving minerals, gases and aqueous phase[J]. Geochimica et Cosmochimica Acta, 2003, 46（4）：513-528.

[8] Wolery T J. EQ3/6：software package for geochemical modeling of aqueous systems：package overview and installation guide（version 7.0）[J]. Office of Scientific & Technical Information Technical Repores, 1992.

[9] Parkhurst D L, Kipp K L, Engesgaard P. PHAST—A program for simulating ground water flow and multicomponent geochemical reactions[J]. Developments in Water Science, 2002, 47：711-718.

[10] 王高峰，胡永乐，李治平，等. Ramey井筒传热方程的改进与应用[J]. 西南石油大学学报：自然科学版，2011，33（5）：118-121.

# 第二章 CCUS-EOR 油藏工程设计

CCUS-EOR 包括了碳捕集、输送、驱油利用与封存全流程的系统工程，CCUS-EOR 油藏工程设计技术主要解决 $CO_2$ 驱油环节的开发设计问题。CCUS-EOR 开发方案管理工作需强化顶层设计，注重科学性、系统性、安全性和经济性。中国石油油气和新能源分公司历时一年组织制定并于 2022 年 11 月份印发了《CCUS-EOR 开发方案编制和管理指导意见》，以提高方案质量❶。

本章着重介绍了 CCUS-EOR 开发方案设计要求和 CCUS-EOR 油藏工程设计的主要内容。

## 第一节 CCUS-EOR 开发方案设计要求

### 一、总体方案设计整体原则

#### 1. CCUS-EOR 方案设计基本遵循

CCUS-EOR 是 CCUS 体系中专用于强化采油或提高采收率（EOR）的技术，包括了二氧化碳捕集、输送、驱油与埋存全流程[1]，是实现中国石油"双碳"目标和油田提高采收率的重要技术途径。

应将 CCUS-EOR 开发视为目标油田、区块的最后一次大幅度提高采收率的机会。开发方案设计要注重系统性、整体性。地质与油藏工程、钻井工程、采油工程、地面工程、经济评价和 QHSE 等专业协同设计，突出经济效益、提高采收率最大化，终极埋存。

CCUS-EOR 开发建设项目坚持低成本开发，强化源头控制，强化过程管

---

❶ 中国石油油气和新能源分公司. 中国石油天然气股份有限公司 CCUS-EOR 开发方案编制与管理指导意见. 北京：中国石油天然气股份有限公司，2022。

理，强化机制保障，实现达标建产、效益开发、安全生产，牢固树立"今天的投资就是明天的成本、今天的排放就是明天的压力"的理念。

CCUS-EOR 开发方案编制和管理应严格执行《中华人民共和国环境保护法》《中华人民共和国安全生产法》等国家和地方的法律、法规以及《中国石油天然气集团公司投资管理办法》和《中国石油天然气集团公司投资项目可行性研究工作管理办法》《油田开发管理纲要》《油藏工程管理规定》等文件要求。

### 2. 做好编制方案准备

要开展源汇匹配分析，确保碳源稳定供给。跨行业 CCUS-EOR 项目方案编制，要明确商业模式。CCUS-EOR 项目各专业方案编制、地面工程初步设计开展之前要按照有关规定做好立项工作。

开发 / 试验区块要资源落实，地质认识、生产动态清楚，满足 $CO_2$ 驱油藏筛选建议标准，先导试验区的油藏条件和开发状况应具有代表性。要开展 CCUS-EOR 开发区块地质体封闭性评价、注采井井况评价。

取全取准油藏温度、地层压力和油气水样、岩心岩屑、生产动态等资料，满足编制全流程方案的需要。要明确实际工况下 $CO_2$ 驱最小混相压力、流体相态特征、$CO_2$ 驱油效率、$CO_2$ 水岩反应特征（可选择）、$CO_2$ 腐蚀特征及防腐对策。

开展 CCUS-EOR 开发配套工艺技术的攻关研究和适应性评价，确定最优主体技术路线。CCUS-EOR 开发方案设计宜采用已证实的成熟技术。缺乏 CCUS-EOR 工程实施经验的大型油藏、特殊类型油藏和开发难度大的油藏，应开展 $CO_2$ 驱开发试验（若地质认识或工程配套有重大偏差，应及时调整），客观评价主体工艺技术和提高采收率指标，为规模开发方案编制提供重要依据。地质与油藏工程方案编制要超前谋划、超前准备、超前设计，为钻井工程、采油工程、地面工程的优化设计以及安评、环评、能评、职评留有足够时间。

### 二、总体方案设计主要内容

### 1. 方案的篇章结构

CCUS-EOR 开发方案包括总论、地质与油藏工程方案、钻井工程方案、采油工程方案、地面工程方案、监测方案、投资估算与经济评价、QHSE 专篇。

总论简述 CCUS-EOR 开发的目的和意义、前期成果（重点是矿场试验结论）、源汇匹配分析、各专业方案概要、工程量及进度、投资与经济效益等。

地质与油藏工程方案应包括油田概况、地质特征、开发状况评价、试验区及目的层优选、实验评价、开发地质研究、油藏工程设计、实施要求、动态监测要求等内容。重点开展地质体封闭性、驱替方式、开发层系、井网井距、地层压力保持水平、注入时机和注采参数的综合分析论证、方案比选与开发指标预测，以及注采平衡、实施要求等内容。

钻井工程方案要加强主体技术的对比分析和评价，简述已钻井分析、目前地层压力剖面、井身结构；依据油藏类型和开采方式，推行平台式布井、工厂化作业，重点论证井身结构、井轨迹、钻井液、钻井参数、钻具组合及钻头选型、固井和完井方式、井控设备等，提出井筒质量要求，保障全生命周期井筒完整性，考虑碳埋存需求、保护油层和防止井控风险等。

采油工程方案要以保证注采安全、效率最大化为目标，以地质与油藏工程方案为基础，与钻井工程、地面工程充分结合，明确主体技术。重点包括 $CO_2$ 腐蚀机理与防腐对策、注气压力预测、注入工艺、采油举升工艺、控气窜和扩大波及体积对策、防垢对策、沥青质防治对策、老井井筒完整性评估及治理方案、后期维护性作业、永久封井作业、投资估算等。

地面工程方案要以全生命周期效益最大化为目标，以地质与油藏工程、钻井工程和采油工程方案为依据，推行标准化、模块化、数字化建设，积极推广应用新能源。地面系统要统筹规划、分步实施，整体设计应具有较高负荷率和较强的适应性。主要内容包括工程概况、设计基础数据、地面现状、建设方案、各项专篇设计、组织机构及定员、项目实施进度安排、投资估算等。要重点对总体技术路线、碳捕集系统、碳输送系统、$CO_2$ 注入系统、采出流体集输处理系统、产出气循环注入系统、地面腐蚀防护、配套辅助工程等进行设计论证。

监测方案包括 $CO_2$ 驱生产动态监测、$CO_2$ 驱替状态监测、井筒腐蚀状况监测、$CO_2$ 运移与埋存状态监测、全流程工艺设备 $CO_2$ 逸散和有组织排放监测、大气土壤环境 $CO_2$ 监测等内容；进行全流程能耗监测分析，开展 CCUS-EOR 项目碳排放量测算。

经济评价以油藏工程方案为基础，根据钻井、采油和地面工程方案估算投资，结合开发方案和油田 CCUS-EOR 生产实际情况测算操作成本，根据《中国石油天然气集团公司投资项目经济评价方法与参数》等有关规定，分别采用"有无对比"的增量法和有项目总量法进行全流程经济评价。经济评价要有不同情景模式的效益对比。

QHSE 专篇应对 CCUS-EOR 工程实施过程中潜在重大风险、危害因素进行辨识，对风险进行分级，制定防范措施和详细应急预案，建立急救、保健与培训制度。重大风险因素包括但不限于：钻井、测试、井下作业过程中可能的发生井喷、爆炸、火灾、$CO_2$ 泄漏；井口、管道等地面设备 $CO_2$ 刺漏；$CO_2$ 槽车拉运与装卸过程的泄露；油层中 $CO_2$ 逃逸造成浅水层污染；井喷对生命、设施和环境的伤害与破坏；有毒药品及化学剂的危害；含毒、含放射性等有害物质的排放；自然灾害和恐怖破坏情况等。将供碳风险、技术风险、经济风险，连同质量风险、职业健康风险、安全风险、环境保护风险，统一进行风险识别与分析，明确主控因素，给出应对策略，形成全流程风险防控对策报告。

### 2. 方案设计内容补充说明

（1）碳源情况。

详细说明驱油用 $CO_2$ 的来源、碳源类型、碳源浓度、捕集方式、捕集成本、年捕集能力、年用量、总用量、产品纯度与形态、产品组分、出厂单价、供碳周期并附盖章版供碳协议。详细说明 $CO_2$ 输送方式、运输单价、运输距离，图示运输线路。若利用外部碳源，需在方案审查的同时，书面提出利用外部碳源的申请（单行），并加盖油田公司章。利用外部碳源的 CCUS-EOR 项目，在2030 年之前不赞成签订长期合同；2030 年之后，依据国家政策和中国石油有关规定确定供碳协议内容。

（2）具备的经验与能力。

说明本油田或操作方是否开展过 $CO_2$ 驱油先导试验，若曾开展过，至少列举一例说明：包括试验项目名称、试验区块、现场投注时间、时长及效果，并系统评价油田具备的 CCUS-EOR 技术能力。

（3）地质与油藏工程设计。

需分析油藏构造、断裂特征及潜在活动性，盖层、断裂系统对 $CO_2$ 封闭能力。要说明计算地质储量和孔隙体积采用的物性下限。要论述注气可行性，以及水气交替注入的可行性；若不可行，需给出室内实验或现场注入的证据。要分析原开发层系及井网对 $CO_2$ 驱的适应性，以扩大波及体积和采收率最大化为目标，优化开发层系、井网井距。能实现混相驱的油藏，地层压力应恢复并保持在最小混相压力以上；不能实现混相驱的油藏，应尽可能保持较高地层压力水平，提高混相程度。综合利用实验数据、油藏工程方法和数值模拟技术论证 $CO_2$ 注入方式、注入时机和注采参数。开发指标需预测 20 年，应包括注气量、注入 HCPV 数、注水量、油气产量、$CO_2$ 含量、含水率、气油比、换油率[❶]、采收率、埋存率等。要分阶段论证开发指标：第一个阶段是从注气到见气，第二个阶段是从见气到气窜，第三个阶段是气窜到废弃，第四个阶段为油藏废弃后的 CCS 深度埋存阶段。在前三个阶段（注、驱、采、埋共存的同步埋存阶段）要考虑基于扩大波及体积的大 PV 注入方案设计。在第四个阶段，需对开发区块的废弃油藏及 1000m 以深的盐水层封存潜力进行研究，要对比不同注入速度、排水对埋存的影响，要考虑采用长井段水平井注入埋存。指标预测时间：同步埋存阶段方案指标要预测 20 年以上，深度埋存的 CCS 阶段要以百年注入为目标。研究方法：前三个阶段需采用数值模拟法、油藏工程方法和现场经验、实验数据等方法综合论证关键生产指标；第四个阶段可以只采用数值模拟法。至少要设计三个油藏工程方案进行对比，其中至少需包括一个注入 HCPV 数大于 1.0 的方案。

---

❶ 换油率：注入 $CO_2$ 量与原油产量的比值，单位为 t/t。

（4）地面工程。

碳捕集工程方案应根据驱油用碳量与气质需求，结合 $CO_2$ 输送要求，对碳源类型、捕集规模、捕集工艺、用地和公用工程依托情况、实施计划、投资和捕集成本等进行论证。碳输送工程方案要对输送方式、管输工艺、线路、场站、输送成本等进行论证。需进行循环注气系统设计，要选择最优简的技术路线实现 $CO_2$ 循环利用。地面系统用电总量中，清洁电力使用比例不低于 20%；如建设区域内无清洁电力工程，考虑同步开展新能源工程建设。

（5）采油工程。

需要考虑深度埋存阶段的生产井封井条件。百年千年安全埋存下的井筒完整性维护及中途新增投资，要充分利用弃置费。

（6）经济评价。

经济评价只需针对前三个阶段（注、驱、采、埋共存的同步埋存阶段），评价期为 20 年，分别采用增量法和总量法进行经济评价，经济评价时可考虑目前地面系统在后期更大规模 CCUS/CCS 项目中的应用可能性并合理分摊投资。油价为阶梯油价评价，有三种情景模式对照：井口碳价 200 元/t、实际碳价、捕集管道驱油全流程。按基准收益率 6% 测算增量效益临界碳价。对于内部收益率达不到 6% 的项目，优化方案，控减投资成本。CCS 深度埋存阶段只进行投资测算（包括前期固定资产余值 + 新增投资）、操作成本测算，以及"双碳"目标下的碳埋存社会效益测算（碳收益价格按全国碳市场的当前碳交易价格计）。

（7）监测。

全流程能耗监测要区分所用能源类型，测算 CCUS-EOR 项目耗能引起的碳排放量要区分直接碳排放和间接碳排放。要对 CCUS-EOR 项目历年净减排量（净减排量 = 注入量－采出循环量－泄漏量－项目新增碳排放）进行测算。

（8）QHSE。

将供碳风险、技术风险、经济风险，连同质量风险、职业健康风险、安全风险、环境保护风险，统一进行风险识别与分析，明确主控因素，给出应对策略，形成全流程风险防控对策报告。全流程风险防控对策清单要列出全流程项目的重大风险，给出明确实用的对策，是全流程风险防控对策报告的简化版，油田公司主管领导签字后，附在全流程风险防控对策报告中。

## 第二节 地质与油藏工程方案设计内容

### 一、油田概况

#### 1. 地理位置及自然条件简况

概述油田的地理位置、气候、水文地质条件、交通通信、油田环境状况等。

#### 2. 区域地质概况

概述构造位置及构造发育史、地层层序、区域沉积背景、埋藏深度等。

#### 3. 勘探开发历程

（1）勘探历程。

阐述油田发现过程；三维地震范围及地震资料处理解释成果；探井、评价井井数及密度；取心及分析化验资料；油藏类型及各级储量提交情况；测井及地层测试情况；试油、试水、试气工作量及成果。

（2）开发历程。

交代新开发油田阐述试采成果及开发试验情况。已开发油田阐述油田开发简况，包括开发阶段划分、各阶段的开发层系、井网井距、开发方式及开发效果等。

#### 4. 开发现状

对于已开发油田，阐述目前开采情况，包括注采井数、产液量、产油量、含水率、采油速度、采出程度、注入压力、注入量、注采比、压力保持水平、递减率等。

### 二、油藏地质特征

#### 1. 构造及断裂特征

构造类型与形态分析闭合面积、闭合高度、地层倾角、含油气高度及构造上下变化情况，描述微幅度构造类型及分布情况。

圈闭特征分析盖层、断层、岩性尖灭和地层超覆等圈闭类型、圈闭形成的条件及对油气的控制作用。

断裂系统描述断层性质、条数、密度、产状、断距、延伸长度、封堵性等，分析断裂系统性质及潜在活动性，分析断裂系统对 $CO_2$ 长期的封存性。

### 2. 储层特征

（1）地层划分。

砂岩组、油层组划分；小层对比与划分，描述到单砂体级别。

（2）岩性及岩石结构。

确定岩石名称、矿物组成、胶结物成分与含量、胶结类型、胶结程度，确定岩石粒度、磨圆度、分选系数等参数，描述岩性分布状况及变化规律。描述孔隙结构，包括孔隙半径、孔喉形态、孔隙大小分布、孔喉比等特征。描述黏土矿物类型、成分、含量及分布。

（3）沉积微相。

描述区域沉积环境、沉积体系、物源。描述不同沉积微相在空间的分布规律，建立研究区沉积微相模式，划分沉积微相。

（4）油砂体发育及分布特征。

描述砂岩总厚度、总钻遇率，单层砂岩厚度，单层钻遇率；描述单砂体的形态和大小、连续性、平面和纵向分布状况。描述油层总厚度、总有效厚度，单层厚度、单层有效厚度；描述油层的产状。

（5）隔夹层特征。

描述隔夹层的岩性、产状、厚度、稳定性等，分析隔层和夹层对开发的作用。

（6）储层物性。

描述储层孔隙度分布范围及平均孔隙度，储层渗透率分布范围及平均渗透率。

（7）储层非均质性。

描述层间非均质性、层内非均质性、平面非均质性。

（8）天然裂缝发育特征。

确定地应力分布特征，对于有发育天然裂缝油藏，描述天然裂缝的方向、发育程度、性质及渗流特征。

（9）储层敏感性。

分析储层水敏性、酸敏性、碱敏性、速敏性、盐敏性，评价敏感性对储层渗流的影响。

### 3. 流体分布与流体性质

（1）流体分布特征。

描述分区块、分层组的油气水分布，分析油、气、水饱和度及分布特点；确定油水、油气界面和油气柱高度；确定油水过渡带的产状及厚度，分析控制油、气、水分布的地质因素。

（2）流体性质。

原油物性分析原油黏度、原油密度、凝固点、含蜡量、含硫量、胶质、沥青质等地面原油物性；分析原始气油比、溶解系数、饱和压力、压缩系数、体积系数、原油组分、原油黏度、原油密度等地层原油高压物性。地层水性质分析地层水的水型、离子含量、矿化度、pH 值等及其在平面的变化。天然气性质分析天然气的密度、组分、凝析油含量、重烃含量等。

### 4. 油藏渗流物理特征

（1）测定岩石表面润湿性。

（2）测定油水、油气、气水相对渗透率曲线，分析曲线的变化特征。

（3）测定毛细管压力曲线，分析毛细管压力曲线变化特征。

### 5. 油藏压力和温度系统

（1）压力系统。

描述油藏原始地层压力、饱和压力、压力系数、压力梯度、地层破裂压力、裂缝闭合压力等参数，分析异常高压或低压系统情况。

（2）温度系统。

描述地层温度、地温梯度等参数，分析异常高温或低温情况。

### 6. 天然驱动能量和驱动类型

（1）分析边水、底水、气顶能量，评价边水、底水、气顶的活跃程度。

（2）分析溶解气、弹性能量、重力等驱动能量，评价油藏天然驱动能量及其对实施 $CO_2$ 驱油的影响。

### 7. 油藏类型

综合分析油藏构造、储层及流体分布特征，结合驱动类型，确定油藏类型。

### 8. 地质储量及可采储量

按 DZ/T 0217—2020《石油天然气储量估算规范》的规定，计算实施 $CO_2$ 驱油方案覆盖区地质储量。按 SY/T 5367—2010《石油可采储量计算方法》的规定，计算实施 $CO_2$ 驱油方案覆盖区在目前开发方式下的技术可采储量。

### 9. 地质建模

按 SY/T 7378—2017《油气藏三维定量地质模型建立技术规范》的规定，建立油藏三维地质模型。油藏三维地质模型需反映出裂缝、沉积微相和隔夹层的发育特征。

## 三、前期开发状况评价

### 1. 新区试油试采分析

新开发油田分析试油试采特征，评价天然能量，分析产能变化特征。

### 2. 衰竭开发油藏开发效果分析

（1）衰竭开发能量供给状况。

分析地层压力、动液面保持状况及其变化规律；分析衰竭开发地层能量供给状况及其对注 $CO_2$ 开发的影响。

（2）油井产能变化及递减状况。

分析区块及单井的日产液量、日产油量、累计产液量、累计产油量变化及变化原因；分析区块产量递减率、综合含水率变化及其变化原因；分析衰竭开发采收率状况；分析衰竭开发时间、采出程度、压力变化对 $CO_2$ 驱油方式及注采参数的影响。

（3）储量控制程度及动用状况。

应用动态监测、试油试采等资料，分析衰竭开发方式、目前生产井网对储量的控制及动用状况，分析 $CO_2$ 驱油提高储量控制及动用程度的可行性，明确井网调整的方向。

（4）剩余油分布状况。

结合产液剖面资料、生产动态资料，以油藏工程方法和数值模拟方法为手段，明确层间、层内、平面剩余油分布状况；分析 $CO_2$ 驱油提高采收率的主要潜力区，为 $CO_2$ 驱井网布设及注采方式优化提供依据。

### 3. 注水开发油藏开发效果分析

（1）注水状况分析。

分析区块及单井的注入量、注入压力、注采比和吸水指数变化；分析分层吸水能力及其变化规律；分析见水层位、来水方向和注水见效的情况；分析现有注水状况对水气交替驱替方式的注水能力、注采井网布设的影响。

（2）产液产油能力分析。

分析区块及单井的日产液量、日产油量、累计产液量、累计产油量变化及变化原因；分析区块递减率、含水率变化及其变化原因；分析采油指数、采液指数变化及其变化原因；分析区块及单井产液产油能力对确定 $CO_2$ 驱油井工作制度的影响。

（3）增产措施及井况分析。

分析增产措施效果及其对生产能力的影响；对有人工压裂措施油藏，分析人工压裂裂缝特征，包括人工压裂裂缝形态、大小和方向，压裂对储层渗流能力及产能的影响；分析油水井井况及其对生产能力的影响；分析过往增产措施和现有井况对 $CO_2$ 驱注采方式、工作制度、井网布设等的影响。

（4）井间连通状况分析。

利用干扰试井、井间示踪技术、地层测试及生产动态等资料分析注采井间连通状况、流体运动规律、波及体积及油层非均质性；分析水驱开发已形成的动态裂缝和窜流通道；分析井间连通状况、窜流通道等对 $CO_2$ 驱注采井网布设的影响。

（5）储量控制程度及动用状况。

应用动态监测、试油试采、密闭取心检查等资料，分析目前开发方式及井网形式下储量的控制程度及动用状况，分析提高 $CO_2$ 储量控制程度的可行性及井网调整的方向。

（6）能量保持状况。

分析地层压力、动液面保持水平及其变化规律；分析地层能量分布状况及其对注 $CO_2$ 开发的影响。

（7）剩余油分布状况。

通过注水能力、产液产油能力、油层动用状况和能量保持状况分析，结合油层沉积特征，以油藏工程方法和数值模拟为手段，明确层间、层内、平面剩余油分布状况；分析剩余油分布状况对 $CO_2$ 驱井网布设及注采方式的影响。

### 4. 开发效果评价

在当前开发方式、开发层系、井网井距、压力保持水平、产能规模、工作制度等条件下，从油井产能水平、含水率及其变化、递减规律、采油速度、采出程度、采收率等方面，评价前期开发效果。分析目前开发方式下进一步提高采收率存在的问题及难点。

### 四、二氧化碳驱油室内实验评价

### 1. 注 $CO_2$ 前后流体相态变化实验

（1）流体组成分析。

测定地层原油脱出气、脱气原油及地层条件下的原油组成数据。

（2）地层油相态实验。

利用恒质膨胀实验获取地层原油的饱和压力、相对体积、压缩系数、原油黏度等参数；利用单次脱气实验获取单次脱气气油比、体积系数、原油密度等参数；利用多次脱气实验获取各个衰竭压力下的溶解气油比、饱和油体积系数、两相体积系数、饱和油密度、气体偏差系数、气体黏度、气体相对密度和气体地层体积系数等参数。

（3）$CO_2$—地层油体系相态实验。

利用不同注气比例条件下的原油恒质膨胀实验及单次脱气实验，确定原油物性参数（泡点压力、密度、气油比、体积系数、体积膨胀系数、黏度等）随 $CO_2$ 注入量的变化关系。

（4）$CO_2$—地层水相互作用分析。

测定 $CO_2$ 在地层水中的溶解度，分析注 $CO_2$ 引起储层、井筒结垢的可能性。

### 2. 最小混相压力确定

最小混相压力是判断该油藏能否实现混相的重要参数，具体测试方法包括利用长细管实验法或者界面张力法或者升泡仪法等方法，确定 $CO_2$ 与地层原油间的最小混相压力；在条件不成熟时，采用油藏类比法、经验公式法或数值模拟法等方法，获取目标油藏最小混相压力参考值。

### 3. 驱油效率实验

利用岩心驱替实验，评价衰竭开采、注水、注 $CO_2$ 及水气交替驱等不同开发方式下的驱油效果，对比分析开发方式对驱油效果的影响；分析注入速度、注入压力、注入量、注入方式等对 $CO_2$ 驱油效果的影响，分析 $CO_2$ 驱油效率的影响因素及其变化规律。

### 4. 流体相态拟合

通过拟合恒质膨胀实验、单次脱气实验、多次脱气实验、$CO_2$—地层油体系相态实验、长细管实验等，建立油藏条件下的流体状态方程，认识油气 PVT 变化规律。

### 5. $CO_2$ 埋存安全性评价分析实验

开展油藏条件下盖/储层应力敏感性实验，分析 $CO_2$ 在盖/储层岩石中的扩散和渗流能力，评价 $CO_2$ 埋存的安全性。

### 五、油藏工程设计与方案比选

#### 1. 开发原则

（1）以经济效益为中心，注重安全环保，坚持少投入，多产出。

（2）提高储量的控制程度和动用程度，提高油井产能，增加可采储量和最终采收率。

（3）充分借鉴国内外，特别是国内的 $CO_2$ 驱油与埋存实践经验。

#### 2. 层系划分组合原则

（1）对于已开发油藏，根据 $CO_2$ 驱特点、油藏地质特征、剩余储量分布特征、开采工艺技术条件和经济效益等因素，分析现有层系划分组合对 $CO_2$ 驱的适应性，并优化开发层系。

（2）对于新投入开发油藏，根据 $CO_2$ 驱特点、油藏地质特征、储量丰度、开采工艺技术条件和经济效益等因素，确定是否需要划分开发层系。

（3）对于多层砂岩油田，层系组合遵循以下原则：

同一层系内储层物性及流体性质、压力系统、构造形态、油水边界应比较接近。一套独立开发层系具备一定的地质储量，满足合理的采油速度，达到较好的经济效益。各开发层系间必须具备良好的隔层（对于 $CO_2$ 驱油藏，这是比水驱油藏更为严格的要求），以防止注水、注气开发时发生层间水窜、气窜。同一层系内各小层具有较好的连通性。

#### 3. 二氧化碳驱井网和井距设计

（1）设计原则。

合理利用老井，并最大限度考虑多向受效井比例；充分考虑井网井距与裂缝、高渗透通道的适配性；注采井距要满足油层对驱动压差的要求；单井控制可采储量要高于经济极限值；井网井距要满足油藏合理采油速度、稳产年限、采收率及经济效益等各项指标的要求；新投入开发油藏或者新钻井，注入井原则上不压裂，采油井尽可能不压裂。

（2）井网和井距确定。

根据砂体分布形态和尺度、储量丰度大小、渗透率高低和储量控制程度要求，同时针对 $CO_2$ 黏度低、易气窜的特点，重点考虑天然裂缝及人工压裂裂缝、高渗透条带、微构造、水体、剩余油分布等因素，以减缓气窜、提高波及体积为目标，设计不同井网形式和井排距。

对新投入开发区块，要采用多种方法研究预测不同井网形式和井排距的开发效果，以提高采收率和经济效益最大化为目标，进行方案比对，确定最佳井网形式和井排距。

对老油田转 $CO_2$ 驱区块，分析现有井网井距注 $CO_2$ 开发的适应性，要采用多种方法论证不同注采井网形式和井排距的开发效果，确定最佳注采井网形式。

### 4. 地层压力保持水平

原始地层压力高于最小混相压力的油藏，地层压力保持水平应不低于最小混相压力；原始地层压力低于最小混相压力的油藏，地层压力保持水平应不低于泡点压力，同时在注入压力不致使储层破裂的情况下，地层压力应尽可能保持在较高水平。

结合最小混相压力，通过多种方法预测不同压力保持水平下的开发效果，确定合理的压力保持水平。

### 5. 注入方式确定

在同等条件下，分析连续注气、水气交替、周期注采等不同注入方式的采收率、换油率，确定合理的注入方式。

### 6. 注气时机确定

利用组分数值模拟技术，针对优选后的注入方式，对比不同注气时机下的采收率及换油率的变化，确定合理注气时机。

对于低渗透油田新投入开发区块，可考虑采用超前注气方式提高地层压力，改善 $CO_2$ 驱混相程度。

对于压力保持水平低于前述合理压力保持水平的已开发老油田，考虑停生产井，注水或者注气恢复压力后再正常注气开发。

### 7. 注采参数确定

确定注入、采出等生产指标设计是油藏工程设计的中心内容，也是包括 $CO_2$ 驱在内的油田开发方案重要组成。对于气驱项目，要分四个阶段论证生产指标：第一个阶段是从注气到见气，第二个阶段是从见气到气窜，第三个阶段是从气窜到废弃，第四个阶段为深度埋存的 CCS 阶段。

（1）对已有 $CO_2$ 驱油试注或先导试验的区块进行分析，获取 $CO_2$ 注入能力、注入压力等参数，为 $CO_2$ 驱油方案设计提供依据。

（2）对无试注或先导试验的区块，参考类似区块，分析注水能力、注气能力和采液能力、采油能力，明确合理的采液速度、采油速度，确定合理注采比。

（3）综合运用室内实验、油藏工程方法、数值模拟方法和现场经验等多种方法，多方案比选，确定注入速度、注入量等参数。不同注入方式下的注入参数如下：

①连续注气：确定单井及区块注气速度、注气总量；

②水气交替：确定区块水气段塞比、交替周期、注气总量、注水总量和单井注水速度、注气速度；

③周期注采：确定区块注气周期、周期注气量、注气总量和单井周期注气速度，确定采油周期、周期采油速度、采液速度、合理流压；

④其他注气方式：确定注入速度、停注时机等注采参数。

（4）循环注入要研究不同 $CO_2$ 含量条件下采出气回注对驱油效果的影响。

### 8. 方案开发指标预测

（1）根据层系、井网、井距、注入方式、注采参数等优化结果，在方案评价期内，至少提出三种方案，预测方案评价期内开发指标，预测开发指标主要包括：区块注气井数、平均单井日注气量、区块注水井数、平均单井日注水量；

区块月注气量、区块月注水量；区块年注气量、年注水量；累计注气量、累计注水量；区块生产井数，平均单井日产油量、日产水量、日产气量、综合含水率、生产气油比、产出气 $CO_2$ 含量；月产油量、月产水量、月产 $CO_2$ 气量、月产烃类气量；年产油量、年产水量、年产 $CO_2$ 气量、年产烃类气量；累计产油量、累计产水量、累计产 $CO_2$ 气量、累计产烃类气量、换油率、采出程度、采油速度、采收率、埋存率。

（2）对比现开发方式的预测结果，给出 $CO_2$ 驱油效果评价主要指标：累计增油量、阶段增油量、阶段换油率、阶段采出程度、提高采收率幅度、最终换油率。

### 9. 经济效益分析

油藏工程方案经济效益评价方法主要按新编制经济评价标准执行，兼顾考虑 $CO_2$ 气源价格、输送成本和埋存减排效益。

### 10. 推荐方案

综合分析各方案开发指标和经济效益，优选并推荐最佳方案。

## 六、动态监测及资料录取要求

在推荐方案中要提出油藏动态监测资料录取内容及要求。根据监测信息及时调整方案部署，确保方案取得预期效果。

## 七、方案实施要求

（1）根据总体部署及实施的原则，对注 $CO_2$ 驱开发油藏进行整体部署，按照油藏特征、衰竭或水驱开发现状、$CO_2$ 气源保证、地面施工进度等进行分步实施。

（2）提出 $CO_2$ 驱开发的钻井、完井、测井、射孔、压裂等的工程技术要求。

（3）提出 $CO_2$ 驱开发的注采井况及钻井、采油、地面配套工艺、防腐防漏、井筒和地面完整性的要求。

（4）提出在开发生产全过程中系统保护油层的要求及措施。

（5）提出对油气水计量精度的要求。

（6）提出区域 QHSE 要求和安全措施，包括泄漏监测要求。

（7）提出 $CO_2$ 驱开发防窜封窜预案。

▶▶ 参考文献 ▶▶

［1］王高峰，秦积舜，孙伟善 . 碳捕集、利用与封存案例分析及产业发展建议［M］. 北京：化学工业出版社，2020.

# 第三章 二氧化碳驱油藏工程设计技术

CCUS-EOR 油藏工程方案设计的本质是测算关键气驱生产指标随时间的变化，宜采用气驱数值模拟方法、气驱油藏工程方法和同类型油田气驱规律性认识等进行综合论证，取长补短，提高方案指标可靠性。但工作经验和理论研究显示，我国陆相低渗透油藏多组分气驱数值模拟预测结果正确的概率仅约 50%。

本章重点分析了简要介绍了 $CO_2$ 驱油与埋存数值模拟技术，分析了多组分气驱油藏数值模拟结果可靠性，并详细介绍了若干用于确定 $CO_2$ 驱油藏生产指标的实用油藏方法。

## 第一节 二氧化碳驱油与埋存数值模拟技术

### 一、注入驱油数值模拟技术

#### 1. 基于组分渗流的数值模拟

凝析气田开发或向油气藏注气开发都存在复杂长度不同的相态变化，都存在多相多组分的渗流现象。在这样的渗流系统中，每一种组分都可能存在于油、水、气、甚至固体相中，并且随着压力的变化还会发生相之间的组分的转移传质。类似的问题，不能用黑油模型研究解决，需要用到多组分渗流数值模拟方法。$CO_2$ 驱就是这种情况，多组分渗流数学模型是 $CO_2$ 油藏开发过程研究的重要手段。

一般地，在多相多组分流动时，某一组分的质量守恒方程如下：

$$-\nabla \sum_{j=1}^{n_p} \left( \rho_j v_j \omega_{ij} - \rho_j \phi S_j \bar{D}_{ij} \nabla \omega_{ij} \right) + \sum_{j=1}^{n_p} \left( a q_{sj} \rho_j \omega_{Sij} \right) = \sum_{j=1}^{n_p} \frac{\partial}{\partial t} \left( \rho_j \phi \omega_{ij} S_j \right) \qquad （3-1）$$

通常假设每一相的流动还服从达西定律：

$$v_j = -\frac{KK_{rj}}{\mu_j}\left(\nabla p_j - \rho_j g \nabla D\right) \qquad (3\text{-}2)$$

式中　$K$——绝对渗透率，$m^2$；

　　　$K_{rj}$——相对渗透率；

　　　$\nabla p_j$——压力导数，$Pa/m$；

　　　$\nabla D$——高度差，$m$。

代入后可以得到普遍化的多组分渗流方程：

$$\nabla \sum_{j=1}^{n_p}\left[\frac{KK_{rj}\rho_j}{\mu_j}\left(\nabla p_j - \rho_j g \nabla D\right)\omega_{ij} + \rho_j \phi S_j \bar{D}_{ij} \nabla \omega_{ij}\right] +$$
$$\sum_{j=1}^{n_p}\left(aq_{sj}\rho_j\omega_{Sij}\right) = \sum_{j=1}^{n_p}\frac{\partial}{\partial t}\left(\rho_j\phi\omega_{ij}S_j\right) \qquad (3\text{-}3)$$

式中　$\rho_j$——第 $j$ 相密度，$kg/m^3$；

　　　$n_p$——油藏中出现的流体相总数；

　　　$S_j$——第 $j$ 相的饱和度；

　　　$\phi$——孔隙度；

　　　$v_j$——第 $j$ 相的流速；

　　　$D_{ij}$——组分 $i$ 在第 $j$ 相中的扩散系数，$m^2/s$；

　　　$e$——单个网格的体积，$m^3$；

　　　$q_{sj}$——源汇处第 $j$ 相的流量；

　　　$\omega_{ij}$——组分 $i$ 在第 $j$ 相中的质量分数；

　　　$\omega_{Sij}$——源汇处组分 $i$ 在第 $j$ 相中的质量分数；

　　　$a$——符号函数，当为源时，$a=1$；当为汇时，$a=-1$；

　　　$\rho_j$——第 $j$ 相的压力，$Pa$；

　　　$D$——高度，$m$。

## 2. 基于相流动的组分数值模拟

$CO_2$ 驱数值模拟区别于其他注气开发在于 $CO_2$—地层流体混合体系物化性质和物化反应的特殊性，譬如，剧烈相变导致的方程组的病态，以及因此而增加的数值模拟的难度和时间。虽然目前的模拟还不能考虑很多物理化学反应的所有细节，但油气田开发最为关注的结果还是能够提供的。事实上，比起地质模型的不确定性，这些被忽略的细节导致的误差往往要小得多。

多相组分注气数值模拟所需的理论如下：

油气扩散方程：

$$\nabla\left[\frac{KK_{ro}}{\mu_o}\rho_o x_i\nabla\left(p_o+\rho_{om}gh\right)\right]+\nabla\left[\frac{KK_{rg}}{\mu_g}\rho_g y_i\nabla\left(p_o+p_{cgo}+\rho_{gm}gh\right)\right]+$$
$$x_{Si}q_o\delta+y_{Si}q_g\delta=\frac{\partial}{\partial t}\left[\phi\left(\rho_o S_o x_i+y_i\rho_g S_g\right)\right] \tag{3-4}$$

油扩散方程：

$$\nabla\left[\frac{KK_{ro}}{\mu_o}\rho_o\nabla\left(p_o+\rho_{om}gh\right)\right]+q_o\delta=\frac{\partial}{\partial t}\left[\phi\left(\rho_o S_o\right)\right] \tag{3-5}$$

水扩散方程：

$$\nabla\left[\frac{KK_{rw}}{\mu_w}\rho_w\nabla\left(p_w+\rho_w gh\right)\right]+q_w\delta=\frac{\partial}{\partial t}\left[\phi\left(\rho_w S_w\right)\right] \tag{3-6}$$

气扩散方程：

$$\nabla\left[\frac{KK_{ro}}{\mu_o}\rho_{gd}\nabla\left(p_o+\rho_o gh\right)\right]+\nabla\left[\frac{KK_{rg}}{\mu_g}\rho_g\nabla\left(p_g+p_{cgo}+\rho_g gh\right)\right]+$$
$$R_S q_o\delta+q_g\delta=\frac{\partial}{\partial t}\left[\phi\left(\rho_{gd}S_o+\rho_g S_g\right)\right] \tag{3-7}$$

逸度方程：

$$f_i^L=f_i^V \tag{3-8}$$

饱和度方程：

$$S_o+S_w+S_g=1 \tag{3-9}$$

归一化方程：

$$\sum x_i=\sum y_i=\sum z_i=1 \tag{3-10}$$

组分守恒方程：

$$x_i L+y_i\left(1-L\right)=z_i \tag{3-11}$$

式中　$\rho_o$——油相密度，kg/m$^3$；

$\rho_w$——水相密度，kg/m$^3$；

$\rho_g$——气相密度，kg/m$^3$；

$\rho_{gd}$——溶解气在油相中的密度，kg/m$^3$；

$g$——重力加速度，m/s$^2$；

$K_{ro}$——油相的相对渗透率；

$K_{rw}$——水相的相对渗透率；

$K_{rg}$——气相的相对渗透率；

$\mu_o$——第 $j$ 相的地下黏度，Pa·s；

$\mu_w$——第 $j$ 相的地下黏度，Pa·s；

$\mu_g$——第 $j$ 相的地下黏度，Pa·s；

$x_i$——组分 $i$ 在油相中的质量分数；

$y_i$——组分 $i$ 在气相中的质量分数；

$z_i$——组分 $i$ 在总组分中的质量分数；

$L$——液相的物质分数；

$\rho_{om}$——与参考点之间的平均油相密度，kg/m$^3$；

$\rho_{gm}$——与参考点之间的平均气相密度，kg/m$^3$；

$x_{Si}$——$i$ 组分在通过点源注入油藏的油相中的质量分数；

$y_{Si}$——$i$ 组分在通过点源注入油藏的气相中的质量分数；

$q_o$——通过点源注入油藏的油相的质量流量，kg/s；

$q_g$——通过点源注入油藏的气相的质量流量，kg/s；

$q_w$——通过点源注入油藏的水相的质量流量，kg/s；

$p_o$——油相的压力，Pa；

$p_{cgo}$——油气之间的毛细管压力，Pa；

$p_w$——水相压力，Pa；

$S_o$——含油饱和度；

$S_g$——含气饱和度；

$K$——绝对渗透率，$m^2$；

$h$——高度，m；

$t$——时间，s；

$R_s$——溶解气油比，$m^3/kg$；

$\phi$——孔隙度；

$f_i^L$——第 $i$ 组分在液相中的逸度，Pa；

$f_i^V$——第 $i$ 组分在气相中的逸度，Pa。

除了上面理论框架，还有用于描述组分性质的状态方程、注采井点的流量或流压限制条件以及各种经验公式等，这里就不再给出了。求解以上联立各式的过程，就是数值模拟，可获得任意时刻的渗流场图。

### 二、二氧化碳矿化反应数值模拟

注入地下后，$CO_2$ 与地层水发生溶解、水化作用，形成水溶相的 $CO_2$，随后进一步水化形成碳酸。随着 $CO_2$ 溶解量的不断增加，地层水中碳酸的含量浓度逐渐增大，进而发生一、二级电离，最终形成二价的碳酸根离子。这些碳酸根离子与地层水中的二价碱性阳离子发生沉淀作用，从而以次生碳酸盐的形式将注入的 $CO_2$ 以固体形式捕获。要想实现地质时期内的CCS埋存过程数值模拟，首先必须建立一个 $CO_2$—流体—矿物的地球化学反应动力学数据库。各矿物的平衡常数是温度的函数，是地球化学计算中非常重要的参数之一。

$$\lg\left(k\right)_T = a\ln T_k + b + cT_k + \frac{d}{T_k} + \frac{e}{T_k^2} \qquad （3-12）$$

式中　$k$——矿物反应的平衡常数；

$\left(k\right)_T$——$k$ 为温度 $T$ 的函数；

$T_k$——绝对温度，K；

$a$，$b$，$c$，$d$，$e$——回归系数。

表 3-1 列出了石英、钾长石、钙长石等 11 种砂岩常见矿物的化学式、反应式及计算平衡常数有关的参数。

表 3-1 砂岩常见矿物的化学反应式

| 矿物 | 反应式 | 回归系数 | | | | |
|---|---|---|---|---|---|---|
| | | $a/10^2$ | $b/10^3$ | $c/10^{-1}$ | $d/10^5$ | $e/10^6$ |
| Quartz<br>石英 | $SiO_2 = SiO_2（aq）$ | -0.2356 | 0.1544 | 0.1782 | -0.109 | 0.6485 |
| K-feldspar<br>钾长石 | $KAlSi_3O_8 = K^+ + 3SiO_2（aq）+ AlO_2^-$ | 0.2282 | -0.1206 | -0.473 | -0.0705 | 0.4771 |
| Anorthite<br>钙长石 | $CaAl_2Si_2O_8 = Ca^{2+} + 2SiO_2（aq）+ 2AlO_2^-$ | 4.726 | -3.060 | -4.202 | 1.818 | -12.13 |
| Albite<br>钠长石 | $NaAlSi_3O_8 = Na^+ + 3SiO_2（aq）+ AlO_2^-$ | 4.384 | -2.863 | -3.556 | 1.771 | -12.66 |
| Oligoclase<br>奥长石 | $Ca_{0.2}Na_{0.8}Al_{1.2}Si_{2.8}O_8$<br>$= 0.8Na^+ + 2.8SiO_2（aq）+ 0.2Ca^{2+} + 1.2AlO_2^-$ | 57.82 | -37.17 | -5.124 | 21.34 | -133.2 |
| Calcite<br>方解石 | $CaCO_3 + H^+ = Ca^{2+} + HCO_3^-$ | 1.426 | -0.9048 | -1.445 | 0.5072 | -2.9.37 |
| Dolomite<br>白云石 | $CaMg（CO_3）_2 + 2H+$<br>$= Ca^{2+} + Mg^{2+} + 2HCO_3^-$ | 2.988 | -1.899 | -2.997 | 1.068 | -6.1.50 |
| Ankerite<br>铁白云石 | $CaMg_{0.3}Fe_{0.7}（CO_3）_2 + 2H^+$<br>$= 2HCO_3^- + Ca^{2+} + 0.3Mg^{2+} + 0.7Fe^{2+}$ | 2.934 | -1.865 | -2.958 | 1.047 | -6.0.51 |
| Siderite<br>菱铁矿 | $FeCO_3 + H^+ = Fe^{2+} + HCO_3^-$ | 1.529 | -0.9743 | -1.532 | 0.5491 | -3.1.67 |
| Kaolinite<br>高岭石 | $Al_2Si_2O_5（OH）_4$<br>$= 2H^+ + 2SiO_2（aq）+ H_2O + 2AlO_2^-$ | 4.697 | -3.035 | -4.090 | 1.693 | -11.3.1 |
| Illite<br>伊利石 | $K_{0.6}Mg_{0.25}Al_{1.8}（Al_{0.5}Si_{3.5}O_{10}）（OH）_2$<br>$= 1.2H^+ + 0.25Mg^{2+} + 0.6K^+ + 3.5SiO_2（aq）+$<br>$0.4H_2O + 2.3AlO_2^-$ | 9.766 | -6.313 | -8.352 | 3.629 | -23.69 |

反应动力学速率常数 $k$，由中性、酸性和碱性 3 个机制组成，见式（3-13）。表 3-2 列出了砂岩中常见矿物在各种机制下的反应动力学数据。

表 3-2　砂岩常见矿物的反应动力学数据

| 矿物 | 表面积 / $cm^2/g$ | 动力学速率的计算参数 | | | | | | | |
|---|---|---|---|---|---|---|---|---|---|
| | | 中性机制 | | 酸性机制 | | | 碱性机制 | | |
| | | $k_{25}/$ mol/ $(m^2 \cdot s)$ | $E_a/$ kJ/mol | $k_{25}/$ mol/ $(m^2 \cdot s)$ | $E_a/$ kJ/mol | $n(H^+)$ | $k_{25}/$ mol/ $(m^2 \cdot s)$ | $E_a/$ kJ/mol | $n(OH^-)$ |
| Quartz 石英 | 9.8 | $1.023 \times 10^{-14}$ | 87.7 | | | | | | |
| Kaolinite 高岭石 | 151.6 | $6.918 \times 10^{-14}$ | 22.2 | $4.898 \times 10^{-12}$ | 65.9 | 0.777 | $8.913 \times 10^{-18}$ | 17.9 | -0.472 |
| Illite 伊利石 | 151.6 | $1.660 \times 10^{-13}$ | 35.0 | $1.047 \times 10^{-11}$ | 23.6 | 0.34 | $3.020 \times 10^{-17}$ | 58.9 | -0.40 |
| Albite-low 钠长石 - 低 | 9.8 | $2.754 \times 10^{-13}$ | 69.8 | $6.918 \times 10^{-11}$ | 65.0 | 0.457 | $2.512 \times 10^{-16}$ | 71.0 | -0.572 |
| Oligoclase 奥长石 | 9.8 | $1.445 \times 10^{-12}$ | 69.8 | $2.1380 \times 10^{-10}$ | 65.0 | 0.457 | | | |
| K-feldspar 钾长石 | 9.8 | $3.890 \times 10^{-13}$ | 38.0 | $8.710 \times 10^{-11}$ | 51.7 | 0.5 | $6.310 \times 10^{-22}$ | 94.1 | -0.823 |
| Magnesite 菱镁矿 | 9.8 | $4.571 \times 10^{-10}$ | 23.5 | $4.169 \times 10^{-7}$ | 14.4 | 1.0 | | | |
| Dolomite 白云石 | 9.8 | $2.951 \times 10^{-8}$ | 52.2 | $6.457 \times 10^{-4}$ | 36.1 | 0.5 | | | |
| Siderite 菱铁矿 | 9.8 | $1.260 \times 10^{-9}$ | 62.76 | $6.457 \times 10^{-4}$ | 36.1 | 0.5 | | | |
| Na-smectite 钠蒙皂石 | 151.6 | $1.660 \times 10^{-13}$ | 35.0 | $1.047 \times 10^{-11}$ | 23.6 | 0.34 | $3.020 \times 10^{-17}$ | 58.9 | -0.40 |
| Ca-smectite 钙蒙皂石 | 151.6 | $1.660 \times 10^{-13}$ | 35.0 | $1.047 \times 10^{-11}$ | 23.6 | 0.34 | $3.020 \times 10^{-17}$ | 58.9 | -0.40 |
| Hematite 赤铁矿 | 12.87 | $2.512 \times 10^{-13}$ | 66.2 | $4.074 \times 10^{-10}$ | 66.2 | 1.0 | | | |
| Alunite 明矾石 | 9.8 | $1.00 \times 10^{-12}$ | 57.78 | | | | $1.00 \times 10^{-12}$ | 7.5 | -1.00 |

$$k = k_{25}^{nu} \exp\left[\frac{-E_a^{nu}}{R}\left(\frac{1}{T} - \frac{1}{298.15}\right)\right] + k_{25}^{H} \exp\left[\frac{-E_a^{H}}{R}\left(\frac{1}{T} - \frac{1}{298.15}\right)\right] a_H^{n_H} +$$

$$k_{25}^{OH} \exp\left[\frac{-E_a^{OH}}{R}\left(\frac{1}{T} - \frac{1}{298.15}\right)\right] a_{OH}^{n_{OH}}$$
（3-13）

式中　上标 nu，上下标 H，上下标 OH——中性、酸性和碱性机制；

$k_{25}$——25℃ 时的速率常数，mol/（$m^2 \cdot s$）；

$a$——活度，mol/L；

$n$——经验指数；

$E_a$——活化能，kJ/mol；

$R$——通用气体常数，J/（$mol \cdot K$）。

整理了热动力和反应动力学数学公式，如矿物饱和度、矿物饱和指数、反应动力学速率等计算公式。矿物饱和度的计算公式见式（3-14）：

$$\Omega_m = K_m^{-1} \prod_{j=1}^{N_c} c_j^{v_{mj}} \gamma_j^{v_{mj}} \qquad m = 1, \cdots, N_p$$
（3-14）

式中　$\Omega_m$——矿物饱和度；

$K_m$——平衡常数；

$\gamma_j$——热力学活度系数；

$c_j$——第 $j$ 个组分的摩尔浓度，mol/L；

$v_{mj}$——第 $j$ 个组分的化学计量数；

$N_p$——矿物种类；

$N_c$——反应中组分的个数。

在平衡时，矿物的饱和指数 $SI_m$ 为 0：

$$SI_m = \lg \Omega_m = 0$$
（3-15）

动力学速率是液相组分浓度的函数。用 Lasaga（1994）给出的速率公式：

$$r_n = f\left(c_1, c_2, \cdots, c_{N_C}\right) = \pm k_n A_n \left|1 - \Omega_n^{\theta}\right|^{\eta} \qquad n = 1, \cdots, N_p$$
（3-16）

式中　$r_n$——反应动力学速率，正值时代表溶解，负值时代表沉淀，mol/（$L \cdot s$）；

$k_n$——速率常数，mol/（$m^2 \cdot s$）；

$A_n$——每千克水中矿物的反应比表面积，$cm^2/g$；

$\Omega_n$——矿物饱和度；

$\theta$，$\eta$——由实验确定，通常取 1。

陈杰通过 TOUGHREACT 软件来模拟长周期的地质封存反应来揭示注入封存后的 $CO_2$ 对油井水泥 / 储层岩中胶结面的碳化腐蚀影响。模拟显示，油井水泥中碳酸钙含量增加表明 $CO_2$ 咸水溶液与油井水泥反应完成后生成的碳酸钙在油井水泥内部区域聚集沉淀。$CO_2$ 饱和咸水溶液易与油井水泥—储层岩石的胶结面发生腐蚀反应，但长周期封存的 $Ca^{2+}$ 和 $Mg^{2+}$ 浓度均未发生显著变化，但方解石含量增加说明了反应进程中可能同时存在着矿化封存过程，可以推断在较长时间内 $CO_2$ 对油井水泥的碳化腐蚀对神华鄂尔多斯 CCUS 示范项目的封存安全性影响较小，为 CCUS 示范项目的地质封存安全性评价提供参考依据。

贾祎轲通过选取水层砂岩，通过室内高压反应釜实验、PHREEQC 及 TOUGHREACT 软件模拟开展了对 $CO_2$ 地质封存机理的研究。主要成果如下：（1）室内高压反应釜实验（时间 3 天；温度 52℃）结果表明：系统中有沉淀生成，这是由岩心中的白云石和石膏溶解出的 $Ca^{2+}$ 与溶液中 $CO_3^{-2}$ 反应生成了方解石，并且通过扫描电镜也观察到了岩心表面钙质矿物沉淀及溶蚀现象。随着压力的升高（2~8MPa），溶液中的 $Ca^{2+}$ 与 $Mg^{2+}$ 浓度有着不同程度的升高，$SO_4^{2-}$ 浓度保持不变；主要是由于溶液 pH 值降低导致了白云石 CaMg（$CO_3$）$_2$ 的溶解量升高，而石膏（$CaSO_4$）的溶解量没有发生变化。随着初始溶液中 NaCl 浓度（0.02~0.5mol/L）的升高，$Ca^{2+}$、$Mg^{2+}$ 与 $SO_4^{2-}$ 的浓度略有升高，是由石膏和白云石的溶解增强所导致。（2）根据 TOUGHREACT 软件动态模拟结果可知，压力（2~20MPa）及初始溶液 NaCl 浓度（0.5~2mol/L）对黏土矿物的溶解或沉淀都没有明显的影响；而压力对方解石的影响较大，并且当压力在 2~20MPa 范围内，方解石的沉淀量应出现最大值。随着溶液中 NaCl 浓度的升高（0~2mol/L），白云石的溶解速率逐渐增大，溶液 NaCl 浓度最高时，有利于生成铁白云石的沉淀，但不利于生成方解石和菱镁矿的沉淀。用 TOUGHREACT 软件模拟得出的离子含量变化趋势与室内高压实验得出的结果相一致。基于东营凹陷沙三段与沙四段的地质条件，模拟结果表明：沙四段地层矿物封存 $CO_2$ 的量高于沙三段地层，且矿物封存 $CO_2$ 的量与长石及碳酸盐岩的含量呈正相关关系。

王力娟认为松辽盆地南部中央坳陷广泛分布有指示 $CO_2$ 渗漏的片钠铝石，是归纳和总结 $CO_2$ 渗漏标志和揭示 $CO_2$ 大规模渗漏机制的理想场所。泥质岩夹层主要由泥岩和粉砂岩组成，厚度以 0.5~2m 居多。岩石学与地球化学研究表明，泥岩夹层中发生溶蚀溶解的矿物包括斜长石和钾长石，沉淀的自生矿物有菱铁矿和片钠铝石。片钠铝石是典型的与 $CO_2$ 充注具有成因联系的"示踪"矿物。在天然 $CO_2$ 系统中的泥岩夹层与下伏含片钠铝石砂岩界面处，主要氧化物含量向上具有规律性的变化，厚层泥岩中，$K_2O$、$Al_2O_3$、$Fe_2O_3$、$CaO$ 和 $MgO$ 的含量自砂泥岩接触界面处向上升高，$Na_2O$ 和 $FeO$ 含量则相反。薄层泥岩中，地球化学特征在纵向上不显示规律性的变化。通过 $CO_2$—泥岩相互作用实验和 TOUGHREACT 地球化学数值模拟，验证和补充了岩石学观察结果。

### 三、气驱油藏数值模拟技术可靠性

长久以来，气驱过程的复杂性使人们采用多组分气驱数值模拟技术预测气驱生产指标，数值模拟成为目前国内进行气驱油藏工程研究的主要手段。但多年来的工作经验表明，我国低渗透油藏气驱数模预测结果与实际不符问题突出。

多组分气驱数值模拟技术融合了三维地质建模技术，注入气/地层油相态表征技术、油/气/水三相相对渗透率测定技术、多相多组分气驱渗流力学数学描述四项内容。气驱数值计算需要用到相对渗透率曲线、油藏参数、相态参数以及一种描述气驱过程的渗流力学数学模型，所以气驱数值模拟预测结果的可靠性取决于以下 4 种因素的可靠性：

（1）三维地质模型对于真实储层的反映程度对数值模拟结果有很大影响，测井解释模型和沉积相概念模式的可靠性决定了地质模型的可靠性，低渗透油藏测井解释模型符合率往往不高，势必影响所建立的地质模型对真实储层展布的反映。预测地质体展布的数学地质方法本身也有一定的不可靠性，并且基本上都是国外学者开发的方法，包括对关键参数的取值和砂体展布倾向性的处理，更加适合国外海相沉积油藏的储层预测。综合起来，我国陆相低渗透油藏地质模型对原型储层的反映程度按 70% 估计。

（2）注入气/地层油及其混合物的相态表征依赖于状态方程的可靠性，取决于有限的实验结果和有限的地层流体样品；并且我们很少进行驱替过程流体取样并对状态方程进行二次标定。相应地，注入气和地层油各组分或者拟组分的状态方程参数和临界参数也不可能完全反映真实，基于状态方程的气液平衡计算结果经常在高压区出现失真问题。整体上，全压力域、全组成域相态计算的可靠性若能达到 90% 都是很理想的情况。

（3）获得相对渗透率曲线的方法都有其局限性和片面性。比如实际油藏岩性和岩石表面的润湿性随着时间和空间改变都会产生很大的变化，进而影响油气水在岩石中的分布，任何方法都不可能测定所有的可能性。实际气驱过程中，地层压力在变化、同一地点在不同时间的相态发生变化、各相流体组分组成都在变化，现有方法还无法体现这一点；此外，实际气驱过程中发生的流动是除了一般认识的油气水的流动，还会出现上油相/下油相/气/水/沥青五相流动，这是 $CO_2$ 高压驱替的重要特征，目前还做不到如此复杂相对渗透率的测定。这个环节的可靠性可以按 90% 来估算。

（4）对于气驱过程，油藏条件下的复杂相变导致会出现三相乃至四—五相流动，对于其中各种界面力之间的相互作用的描述方法，流固力场耦合方法、水—岩相互作用、吸附与解吸附过程描述、复杂的多相流动是否还服从连续流、线性流达西定律等都存在争议。气驱过程多相流数学模型本身取决于人们对客观世界的认识，还需进一步完善，这个环节的可靠性以按 90% 来估算。

显然，上述四个环节中的任何一个环节的发生都不依赖于其他任何一个或几个的组合。根据概率论，数值模拟结果正确的可能性应该等于上述四个环节描述的结果都正确的可能性之积。按照上文提出的四个环节描述结果正确的可能性，可以得到我国陆相低渗透油藏多组分气驱数值模拟预测结果正确的概率约为 51%。在统计对比多个注气驱油项目后发现，低渗透油藏多相多组分数值模拟对气驱生产指标预测可靠性平均低于 45%，主要原因就是上述四个独立的单项技术都存在程度不同的不确定性。

须指出，将数值模拟结果不可靠一概归因于数值模拟从业人员素质，或者推诿给现场方案实施没有严格遵守开发方案要求，是不应该的，也是不敢正视问题的态度。因为这样不但不能解决现场实际技术问题，也不利于气驱数值模拟技术在我国的进步，更不能推动油藏工程学科的良性发展。

## 第二节　适合二氧化碳驱的油藏工程方法

由于气驱油藏数值模拟技术自身存在的上述问题，在基于油藏数值模拟编制了几个 $CO_2$ 驱开发方案并跟踪对比注气矿场试验效果后，转向了油藏工程方法研究，历时十年终于建立了一套用于气驱生产指标可靠预测的实用油藏工程方法体系。

我们认为，气驱油藏工程研究需要对油藏原始产状、注气前油藏开发特征，以及井网井型等有充分的认识。至于低渗透油藏气驱油藏工程研究更要明确气驱提高采收率机理，并对注气提高采收率的主要机理做出论证，以抓住主要矛盾或问题主要方面，这是开展研究的基本前提。在此基础上，研究低渗透油藏气驱产量或气驱采油速度、低渗透油藏气驱采收率、气驱综合含水率及最大下降幅度、气驱油藏见气见效时间、高压气驱"油墙"几何规模与气驱稳产年限、气驱"油墙"物理性质与生产井的合理流压、气驱的经济合理井网密度与经济极限井网密度、适合 $CO_2$ 驱低渗透油藏潜力评价与筛选方法、气驱全生命周期的注采比、单井日注气量、注入压力和井筒流动剖面、水气交替注入合理段塞比等关键注气工程参数。

这些参数的预测是气驱开发方案设计必需的，要以系统完整的低渗透油藏气驱开发理论方法为依据才能计算得到，以快速编制可靠的注气开发方案（基于气驱油藏工程方法的注气开发方案编制时间约需 2~3 周，而基于数值模拟技术的则需要 2~3 个月）。目前，我们已建立了成套的气驱生产全指标预测油藏工程方法体系，为气驱生产指标预测提供了有别于数值模拟技术的新途径。由于本书并非是气驱油藏工程方法专著，笔者撷取若干气驱生产指标的预测方法进行重点介绍或说明。

我国气驱试验项目已有上百个，$CO_2$ 驱油开发试验项目也有数十个，气驱生产动态认识非常丰富。从理论高度理解气驱实践中出现的现象，找到气驱开发普遍规律，是气驱油藏工程研究主要任务。获取气驱生产指标的过程需开展油藏工程研究。油藏工程三级学科包括油藏数值模拟、油藏工程方法和试井分析三个研究方向；只有油藏数值模拟技术和油藏工程方法可用于预测气驱开发生产指标。本节分析了气驱数值模拟的可靠性，着重介绍了几个关键气驱生产指标预测油藏工程方法。

### 一、低渗透油藏气驱产量预测方法

在油藏注气过程中，相态变化和多相渗流耦合，气驱复杂性使人们对其生产动态的认识一直处于经验感知阶段。美国 Larry Lake 提出的预测气驱产量预测方法无法从理论推导得到，开发时间节点确定相当烦琐，峰值产量的获取需要预知气驱采收率，适用于进行后评估，若用于预测需联合其他方法。加拿大 Koorosh Asghari 和 Janelle Nagrampa 等关联的预测 Weyburn 油田短期平均气驱产量经验关系不能描述产量随时间的变化，且该经验式仅适用于同 Weyburn 油田开发历程和性质都接近的油藏，具有明确物理意义的气驱产量预测油藏工程理论方法尚未见报道。为增加注气方案可靠性，从油藏工程基本原理出发，推导出气驱产量变化规律，提出气驱增产倍数及其工程计算方法，并以国内外多个注气实例验证理论可靠性。

### 1. 理论推导

将转驱时油藏视为新油藏。将气驱波及体积与水驱波及体积之比称为气驱波及体积修正因子，根据"采收率等于驱油效率和体积波及系数的乘积"这一油藏工程基本原理，可得气驱阶段采收率计算式：

$$E_{Rg} = \eta \frac{S_o}{S_{oi}} \frac{E_{Dg}}{E_{Dw}} E_{Rwn} \qquad （3-17）$$

式中　$E_{Rg}$——基于原始地质储量的气驱采收率；

　　　$E_{Rwn}$——基于转驱时剩余地质储量的水驱采收率；

　　　$S_{oi}$，$S_o$——原始与驱时平均含油饱和度；

　　　$E_{Dg}$，$E_{Dw}$——转驱时气和水的驱油效率（基于原始含油饱和度），%；

　　　$\eta$——气驱波及体积修正因子。

下面考察评价期内采出程度变化情况。根据岩心驱替实验成果，转驱时气和水的驱油效率显然可视为定值，气驱波及体积修正因子 $\eta$ 亦视作常数。因采收率是由采出程度增长而来，将采收率指标视为变量，式（3-17）对时间求导数有：

$$\frac{dE_{Rg}}{dt} = \eta \frac{S_o}{S_{oi}} \frac{E_{Dg}}{E_{Dw}} \frac{dE_{Rwn}}{dt} \qquad （3-18）$$

任意 $t$ 时刻气驱采出程度的增量显然可写作：

$$dR_g = R_{vg} dt = dE_{Rg}(G_i) \qquad （3-19）$$

任意 $t$ 时刻水驱采出程度的增量可写作：

$$dR_{wn} = R_{vwn} dt = dE_{Rwn}(G_i) \qquad （3-20）$$

式中　$R_g$——基于原始地质储量气驱采出程度；

　　　$R_{wn}$——基于转驱时剩余地质储量的水驱采出程度；

　　　$R_{vg}$——基于原始地质储量气驱采油速度；

　　　$R_{vwn}$——基于转驱时剩余地质储量的水驱采油速度；

　　　$dE_{Rg}(G_i)$——波及区 $G_i$ 的基于原始地质储量的气驱采收率，%；

　　　$dE_{Rwn}(G_i)$——波及区 $G_i$ 的基于转驱时剩余地质储量的水驱采收率，%。

联立式（3-19）和式（3-20），得：

$$R_{vg} = \eta \frac{S_o}{S_{oi}} \frac{E_{Dg}}{E_{Dw}} R_{Rwn} \qquad （3-21）$$

式（3-21）两端同乘以原始地质储量 $V_p S_{oi}$ 有：

$$R_{vg}V_pS_{oi} = \eta \frac{S_o}{S_{oi}} \frac{E_{Dg}}{E_{Dw}} R_{Rwn}V_pS_{oi} \tag{3-22}$$

式中  $V_p$——油藏孔隙体积，$m^3$。

根据前述采油速度的定义，由式（3-22）可得到：

$$Q_{og} = \eta \frac{E_{Dg}}{E_{Dw}} Q_{ow} \tag{3-23}$$

式中  $Q_{og}$——$t$ 时刻气驱产量水平，$m^3/d$；

$Q_{ow}$——同期的水驱产量水平，$m^3/d$。

须指出，"同期的水驱产量"为假设油藏不注气而继续注水时油藏整体产量，可由水驱递减规律预测得到。

这里气驱增产倍数 $F_{gw}$ 的定义是气驱产量水平与同期水驱产量水平的比值：

$$F_{gw} = \frac{Q_{og}}{Q_{ow}} = \eta \frac{E_{Dg}}{E_{Dw}} \tag{3-24}$$

式（3-24）对时间取导数可得气驱产量绝对递减率：

$$\frac{Q_{og}}{dt} = F_{gw}\frac{Q_{ow}}{dt} \tag{3-25}$$

式（3-24）和式（3-25）实质为评价期内气驱产量和水驱产量的一一对应关系：低渗透油藏气驱产量与同期的水驱产量之比为恒定值，且此值为气驱增产倍数，联合气驱增产倍数和水驱递减规律可在理论上把握气驱产量。水驱产量是长期摸索确定的合理值，气驱增产倍数为固定值，气驱产量可被唯一确定，水驱开发经验为气驱所借鉴。由式（3-25）知，当气驱增产倍数大于 1.0 时，混相驱产量绝对递减率将高于水驱情形，这解释了为什么绝大多数混相驱产量曲线比水驱产量曲线递减快。

### 2. 气驱增产倍数计算

（1）气驱波及体积修正因子取值。

由于驱油效率室内可测，若获知气驱波及体积修正因子，便可按照式（3-24）求算气驱增产倍数。气驱波及体积修正因子受重力分异、黏性指进和扩散作用影响，在此简要评述三个因素在油藏注气开发过程中所能起的作用。

①浮力与毛细管力的对比。压汞曲线上"阈压"的存在表明多孔介质中非润湿相驱替润湿相必须克服一定的启动压力，阈压用毛细管压力计算；气体作为非润湿相上浮也是驱替行为，也须克服阈压。以油气接触弯月面为底面选择厚度为 $dh$ 油相微元为研究对象。此微元原处于静水平衡态，当存在游离气时，微元在垂向上所受合力为下部气柱上浮形成的推力与毛细管力之差。国内低渗透油层内单砂体有效厚度通常在 1.0m 左右，则微元下部单位长度气柱受到向上合力为浮力与自身重力之差，即有效浮力；作用于油相微元的垂向合力则为有效浮力与毛细管力之差。油气共存时，储层岩石为油湿，接触角常小于 75°，现取 60°；以非混相 $CO_2$ 驱为例，地下油气密度差取 210kg/m³；油气界面张力通常小于 15.0mN/m，$CO_2$ 非混相驱界面张力取值 6.0mN/m。浮力应用阿基米德原理计算，毛细管力应用 Laplace 公式计算，发现只有当孔喉半径超过 3.0μm，即储层为中高渗透时，有效浮力才大于毛细管力，气体方能克服阈压推动油气界面上移。气体方能克服阈压推动油气界面上移。故在低渗透介质中气顶无法仅靠浮力自然形成，这应是少见带气顶低渗透油藏的一个原因。

②浮力与生产压差的对比。将进入油相的气泡分为若干高为 $dh$ 的立方体微元。每个微元分担的有效浮力 $\Delta F_v = (\rho_o - \rho_g) g (dh)^3$，$\rho_o$、$\rho_g$ 分别为油和气的密度，kg/m³；$g$ 为重力加速度，m/s²；气泡在水平方向随油相一起运动，微元所受水平合力 $\Delta F_h = \mathrm{grad}p (dh)^3$，$\mathrm{grad}p$ 为注采压差梯度，MPa/m；则纵横力比 $\Delta F_v / \Delta F_h = (\rho_o - \rho_g) g / \mathrm{grad}p$。结合油田开发实际情况计算知注采压差梯度通常大于 0.02MPa/m，有效浮力梯度不足注采压差梯度的 6%。因此，重力分异无法形成对生产有现实意义的驱替。开发地质专家薛培华统计分析喇嘛甸油田 11 口检查井资料并提出了"交互韵律式"剩余油分布模式，即未水洗层与水洗层多呈间互状分布，且水洗剖面韵律性与物性剖面韵律性一致，这也证明重力分异在油田开发中作用很小，更不存在依靠重力作用开发的低渗透油藏。

③垂向渗透率与水平渗透率之比。一般地，碎屑岩油藏物性越差，垂向渗

透率与水平渗透率之比越小。对于特低渗透储层，垂向渗透率与水平渗透率之比通常在 0.01~0.1 之间，同样压力梯度下的垂向流速不足水平速度的十分之一；对于一般低渗透储层，此比值通常在 0.05~0.30 之间，同样压力梯度下的垂向流速不足水平流速的三分之一。

④小层内夹层的作用。渗透性极差的物性夹层或泥质夹层在低渗透储层内是普遍存在的，构成流体上浮或下沉的天然地质遮挡，进一步限制重力分异对纵向波及系数的改变。

⑤气体蒸发萃取作用。油藏条件下，注入气不断蒸发萃取原油组分使自身被富化。实测和模拟计算知道气驱前缘附近气相黏度为 $0.1mPa \cdot s$ 左右，与地层水黏度为同一数量级（水黏度是前缘气相黏度的 3~6 倍），削弱了气体黏性指进对于波及体积修正因子的影响。

⑥水气交替注入的作用。水气交替注入是改善气驱效果的主体技术。水气交替可抑制黏性指进和控制气窜，扩大波及体积；气驱实践中多轮次的水气交替注入（交替周期一般为 2~4 个月）将使气驱波及体积与水驱趋同，气驱波及体积修正因子趋于 1.0。

⑦气相扩散作用。在漫长的成藏过程中，时间累积效应大，很多学者都认识到扩散作用是地下天然气运移的一个普遍过程，但在油田开发的几十年内，扩散作用甚小。在油藏条件下测量 $CO_2$ 在原油中的扩散系数及数值模拟研究均认为扩散作用对于孔隙型油藏注气开发的影响微不足道。

⑧气驱油藏物性下限。通常认为低渗透油藏实施注气能改善驱替剖面，矿场确有吸气剖面为证。但气体在微孔喉差油层中能运移多远并无结论。近年来，在吉林红岗和大庆宋芳屯两个超低渗透区块（渗透率小于 1.0mD）的注气工作表明，物性过差油藏靠注气实现经济有效开发仍有极大困难。此外，在低渗透油藏开发地质研究中，水驱的渗透率下限常取 0.1mD，此下限之下的储量占总地质储量比例甚小。即便这些极差储量有所动用，对采收率的贡献也非常小。

⑨对 GAGD、SAGD 的理解。在国内通常把它们翻译成重力气驱和蒸汽辅

助重力驱，并不科学。因为 GAGD 原文是 Gas assisted gravity drainage 即气驱被重力所辅助的驱替，而 SAGD 原文是 Steam assisted gravity drainage 即蒸汽驱被重力所辅助的驱替。由于国外对辅助一词用的是被动语态，即 assisted 在 Gas 和 Steam 之后，说明其本意是，气体 / 蒸汽注入的力是主要的，而重力作用是辅助的。应用外来语汇时，须完整而准确理解其本意。

⑩低渗透油藏普遍油水同层。开发实践中发现，低渗透油藏往往一投产即含水，地层水普遍可动。在漫长的成藏过程中，油水都没能够实现分离，并未出现小层内上油下水的流体分布格局。

⑪岩心库没有落油一地。岩心库里的大量岩心长久地暴露于空气中，如果重力真的能够发生作用而启动驱替岩心里饱含的原油，岩心盒或岩心库地面上应该是洒落一地原油。事实上，并没有出现这种情况。即使创造油藏温度环境，也不会有此情况。

总之，重力分异和扩散作用不会对低渗透油层注气产生有现实意义的影响，注入气体黏性指进则被相态变化和水动力学调控等因素削弱，多轮次水气交替注入使气驱波及体积趋于水驱情形，这便是低渗透油藏气驱波及体积修正因子接近 1.0 的原因。另须指出，上述论证仅为气驱增产倍数的工程计算提供依据，并非为了证明气驱和水驱波及体积完全相等。

（2）气驱增产倍数计算公式。

为便于应用，转驱时的驱油效率须与初始驱油效率（指油藏未动用时）和转驱时水驱采出程度相关联。驱油效率属微观层面上的概念，其近似值由岩心驱替实验给出（严格讲，岩心驱替中仍有波及体积概念），多轮次水气交替注入又会消除注气时机对于残余油饱和度的影响，并且实验发现气驱残余油饱和度与交替注入的水气段塞比无关，故气驱残余油饱和度可视为定值。依据驱油效率定义得：

$$E_{\mathrm{Dg}} = \frac{S_{\mathrm{oi}} E_{\mathrm{Dgi}} - S_{\mathrm{oi}} R_{\mathrm{ews}}}{S_{\mathrm{oi}}} \qquad （3\text{-}26）$$

根据水驱油效率的定义有：

$$E_{\mathrm{Dw}} = \frac{S_{\mathrm{oi}} E_{\mathrm{Dwi}} - S_{\mathrm{oi}} R_{\mathrm{ews}}}{S_{\mathrm{oi}}} \qquad （3-27）$$

将式（3-26）、式（3-27）代入式（3-24），并将气驱波及体积修正因子 $\eta$ 取值为 1.0 可得：

$$F_{\mathrm{gw}} = \eta \frac{E_{\mathrm{Dgi}} - R_{\mathrm{ews}}}{E_{\mathrm{Dwi}} - R_{\mathrm{ews}}} \approx \frac{E_{\mathrm{Dgi}} - R_{\mathrm{ews}}}{E_{\mathrm{Dwi}} - R_{\mathrm{ews}}} \qquad （3-28）$$

式中　$E_{\mathrm{Dgi}}$，$E_{\mathrm{Dwi}}$——气和水的初始驱油效率；

$R_{\mathrm{ews}}$——转驱时基于原始地质储量的波及区水驱采出程度。

由于采出原油仅来自注水波及区域，故波及区采出程度高于油层整体采出程度。关于波及区域的确定存在两种观点：一种认为波及系数为采收率与驱油效率之比，即实际波及系数严格等于理论波及系数；另一种则认为波及系数接近 1.0，此观点来自对油藏实际加密效果的分析。加密井含水率往往低于老井含水率，却远高于油藏初始含水率，并且具有初始产状的加密井比例极低，很难准确预测和钻遇。这表明剩余油分布并未呈现大面积未动用或高度富集状态，波及区面积接近整个油层。

可见，上述观点都有理论和实验或油田开发实践方面的证据。综合这两种观点，应认为实际波及区域高于理论波及区域，并且波及区域不同位置动用程度存在差别。据此，可将实际波及系数表示为理论波及系数和剩余波及系数的加权平均：

$$E_{\mathrm{V}} = E_{\mathrm{V0}} + \omega\left(1 - E_{\mathrm{V0}}\right) \qquad （3-29）$$

式中　$E_{\mathrm{V}}$——实际波及系数；

$E_{\mathrm{V0}}$——理论波及系数；

$\omega$——权值，$0 < \omega < 1.0$。

权值 $\omega$ 反映了理论波及区域之外的储量动用程度，主要由注采参数变化对地下流场的水动力学调整引起（即液流方向改变），故其受控于储层物性级别和非均质性、井网砂体匹配程度以及油田开发时间等因素。开发时间越长，井网与砂体越匹配，注采参数变化的时间累积作用越大，$\omega$ 越大；另一方面，权值 $\omega$ 也反映了剩余油分布的均匀性，剩余油分布越均匀，$\omega$ 越大；对于采出程度很低的油藏和高采出程度的成熟油藏，剩余油分布总体上是均匀的，推荐 $\omega = 1.0$。

相应于式（3-29）中实际波及系数的波及区采出程度与油藏整体采出程度的关系可根据物质平衡得：

$$R_{ews} = R_{e0} / E_V \qquad (3-30)$$

式中  $R_{e0}$——转驱时基于原始地质储量的油层整体采出程度，%。

理论波及系数等于基于原始地质储量的水驱采收率与初始水驱油效率之比：

$$E_{V0} = \frac{E_{Rw}}{E_{Dwi}} \qquad (3-31)$$

式中  $E_{Rw}$——转驱时基于原始地质储量的水驱采收率。

联立式（3-29）至式（3-31）得：

$$R_{ews} = \frac{R_{e0} E_{Dwi}}{E_{Rw} + \omega \left( E_{Dwi} - E_{Rw} \right)} \qquad (3-32)$$

将式（3-32）代入式（3-28）得：

$$F_{gw} = \frac{E_{Dgi} - \dfrac{R_{e0} E_{Dwi}}{E_{Rw} + \omega \left( E_{Dwi} - E_{Rw} \right)}}{E_{Dwi} - \dfrac{R_{e0} E_{Dwi}}{E_{Rw} + \omega \left( E_{Dwi} - E_{Rw} \right)}} \qquad (3-33)$$

式（3-33）即为低渗透油藏气驱增产倍数计算式。将该式右端分子和分母同除以初始水驱油效率可以得：

$$F_{gw} = \frac{R_1 - R_2}{1 - R_2} \qquad (3-34)$$

$$R_1 = E_{Dgi} / E_{Dwi}$$

$$R_2 = R_{e0} / \left[ E_{Rw} + \omega \left( E_{Dwi} - E_{Rw} \right) \right]$$

式中  $R_1$——气和水初始驱油效率之比；

$R_2$——广义可采储量采出程度。

所以，气驱增产倍数由这两个比值唯一确定。

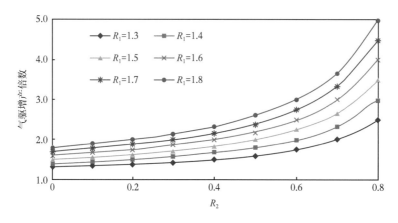

图 3-1　气驱增产倍数查询图板

根据式（3-34）绘制了气驱增产倍数实用查询图板（图 3-1）。图板横坐标为转驱时的广义可采储量采出程度 $R_2$，同一曲线上的数据点具有相同的初始驱油效率之比 $R_1$。可见，随着采出程度增加，气驱增产倍数呈快速增长趋势，这与实际气驱动态一致。国内大多数水驱开发油藏 $R_2$ 值都低于 0.9，$R_1$ 值通常在 1.5 附近，由式（3-34）可知，不应期待注气后油藏整体产量会超过注气前水驱产量的 3.5 倍。

### 3. 应用举例

（1）气驱油藏早期配产。

配产是油田开发设计的中心问题。结合多年来参与注气方案设计和跟踪注气动态的经验，统计了国内外 18 个成功的 $CO_2$ 驱与烃气驱项目的产量变化情况，并应用气驱增产倍数计算式（3-33）和式（3-24）研究了这些注气项目的早期配产问题。将式（3-24）中气驱产量定义为注气后产量峰值附近一年内平均日产量，水驱产量则取为注气前一年内的平均日产量。注气实践表明，从开始注气到出现气驱产量峰值所需时间通常不超过两年，而大多数连续稳定注气项目所用时间为 6~8 个月，故此处忽略水驱产量递减因素，而直接用注气前水驱产量代替高峰期气驱产量对应的水驱产量（即同期水驱产量），简化计算。

首先应用式（3-33）计算出气驱增产倍数理论值（权值 $\omega$ 均取为 1.0）；再根据式（3-24）将气驱增产倍数理论值乘以注气前水驱产量得到气驱见效早期产量预测值，发现气驱产量预测值和实际值平均相对误差 6.90%（表 3-3）；然后将实际气驱产量除以水驱产量得到气驱增产倍数实际值，与其理论值对比得到平均相对误差 6.90%。这表明本文方法及其理论前提的有效性与合理性，也表明将低渗透油藏气驱波及体积修正因子作常数处理且取值为 1.0 的可行性。

表 3-3　气驱见效早期合理配产计算结果

| 序号 | 油藏名称 | 气驱增产倍数 | | 气驱产量 | | |
|---|---|---|---|---|---|---|
| | | 理论值 | 实际值 | 实际值 /<br>$m^3/d$ | 预测值 /<br>$m^3/d$ | ADD[①] /<br>% |
| 1 | Weyburn | 1.73 | 1.67 | 4646 | 4813 | 3.59 |
| 2 | Dollaride Devonial | 1.8 | 1.64 | 190 | 209 | 9.76 |
| 3 | Wertz tensleep | 2.21 | 2.01 | 1598 | 1757 | 9.95 |
| 4 | Lost Soldier tensleep | 3.5 | 3.30 | 1574 | 1669 | 6.06 |
| 5 | Means San andres | 1.46 | 1.40 | 2226 | 2321 | 4.29 |
| 6 | North Cross | 1.85 | 1.70 | 378 | 412 | 8.82 |
| 7 | Lick Creek Meakin | 2.49 | 2.29 | 328 | 357 | 8.73 |
| 8 | Slaughter Estate | 2 | 2.10 | 70 | 67 | 4.76 |
| 9 | North Ward Estes | 1.74 | 1.62 | 1028 | 1104 | 7.41 |
| 10 | Dever Unit-6P（MA） | 1.96 | 1.75 | 111 | 125 | 12 |
| 11 | Sacroc-4P | 2.5 | 2.60 | 413 | 397 | 3.85 |
| 12 | 黑 59 | 1.48 | 1.59 | 80 | 74 | 6.92 |
| 13 | 黑 79 南南 | 1.47 | 1.43 | 92 | 95 | 2.8 |
| 14 | 树 101 | 1.43 | 1.51 | 49 | 47 | 5.3 |

| 序号 | 油藏名称 | 气驱增产倍数 | | 气驱产量 | | |
|---|---|---|---|---|---|---|
| | | 理论值 | 实际值 | 实际值/ m³/d | 预测值/ m³/d | ADD/ % |
| 15 | 萨南 | 1.47 | 1.36 | 35 | 38 | 8.09 |
| 16 | 濮城 1-1 | 3.38 | 3.07 | 15 | 16 | 10.1 |
| 17 | 草舍 | 1.74 | 1.61 | 77 | 83 | 8.07 |
| 18 | 葡北 | 1.39 | 1.34 | 566 | 587 | 3.73 |
| | 平均值 | 1.98 | 1.89 | 749 | 787 | 6.9 |

① ADD=Abs（预测值/实际值-1）×100%。

表 3-3 中加拿大 Weyburn 油田，运行着全球最著名的 $CO_2$ 驱油与封存示范项目。实测初始 $CO_2$ 驱油效率 85%，初始水驱油效率 60%，开始注气时水驱采出程度 26.0%。气驱增产倍数理论值为 1.73，实际值为 1.67，相对误差 3.59%。黑 79 南南区块实施近混相驱，$CO_2$ 驱油效率 78.0%，初始水驱油效率 57.0%，开始注气时水驱采出程度 11.0%，计算出气驱增产倍数理论值为 1.47，实际值为 1.43，相对误差 2.8%。

根据注气时采出程度的不同，表 3-3 中注气项目大致分四种类型：

①Lost Soldier tensleep 油藏和濮城 1-1 区块注气时采出程度高于 40.0%，属高度成熟油藏注气类型，气驱增产倍数超过 3.0；

②Weyburn 油田转驱时采出程度在 20% 以上，属于近成熟油藏注气类型；

③黑 79 南南区块注气时水驱采出程度 12.0%，属于水驱动用到一定程度油藏注气类型；

④黑 59 区块和葡北油藏注气时采出程度低于 5.0%，属弱未动用油藏注气类型，由图 3-1 知，该类型的气驱增产倍数不会很高。

（2）确定 $CO_2$ 驱井网密度。

井网密度对气驱开发效果有决定性影响，由于国内规模性气驱实践经验少加之气驱本身的复杂性，气驱井网密度的计算方法还未见报道。储层地质情况、转驱时剩余储量和气驱混相程度决定了注气的可行性，也决定了气驱井网密度。首次提出了考虑当前采出程度和混相程度的气驱采收率计算公式，在气驱采收率与水驱采收率之间建立了联系。以气驱采收率计算为基础，从技术经济学观点考察了注气项目在评价期内的投入产出情况，建立了气驱井网密度与净现值之间联系。应用微积分学驻点法求极值方法方法，得到了注气开发低渗透油藏油藏的经济最优和经济极限井网密度的数学模型，实际应用表明本文气驱井网密度数学模型可用于指导国内注气实践。注气项目在评价期内的总收入为原油及伴生气总销售收入与回收固定资产余值之和。总支出则包括总经营成本、固定投资及利息、总销售税金、资源税和石油特别收益金。净现值 NPV 等于总收入减去总支出。总利润最大时的井网密度就是经济最优井网密度。通过求解 dNPV/d$s$=0，可得经济最优井网密度 $S_r$。式（3-35）即为经济最优气驱井网密度数学模型[1]，用 Newton 法迭代求解，采油速度由气驱增产倍数或递减规律得到：

$$\begin{cases} S_r{}^2 = \dfrac{\alpha N \sum\limits_{j=1}^{n}\left\{\left[(1-r_{st})P_o - P_m - Q\right]\alpha_{og}R_{vg}\right\}_j(1+i)^{-j}}{A P_w\left[\dfrac{(1-i_0)^{T_c}}{T}\sum\limits_{j=1}^{T}(1+i)^{-j} - 0.03(1+i)^{-n}\right]} \\[4mm] E_{Rg} = \eta\dfrac{E_{Dg}}{E_{Dw}}\dfrac{S_o}{S_{oi}}E_{Rw} = \sum\limits_{j=1}^{n}R_{vgj} \end{cases} \quad （3\text{-}35）$$

式中　$\alpha$——常数；

　　　$E_{Rg}$，$E_{Rw}$——气驱和水驱采收率；

　　　$E_{Dg}$，$E_{Dw}$——气驱和水驱驱油效率；

　　　$R_{vg}$——气驱采油速度；

　　　$n$——评价期，a；

　　　$\alpha_{og}$——油气商品率；

　　　$T$——投资贷款偿还期，a；

　　　$T_c$——项目建设期，a；

$P_w$——平均单井固定投资，万元；

$S_{oi}$——原始含油饱和度，%；

$S_o$——当前含油饱和度，%；

$N$——地质储量，$10^4$t；

$A$——含油面积，km$^2$；

$P_o$——油价，元/t；

$P_m$——单位操作成本，元/t；

$r_{st}$——增值税、教育费附加和城市维护建设"三税"税率之和；

$S_r$——经济最优井网密度，口/km$^2$；

$i_0$——固定投资贷款利率；

$i$——贴现率；

$Q$——吨油上缴资源税和特别收益金，元；

上标$j$，下标$j$——第$j$年。

特低渗透油藏注气实践发现，气驱采取较大的井距，比如 500m 的井距虽然可以见效，但井网密度还要考虑 WAG 阶段的注水对于井距的要求，过大的井距离对于水气交替注入阶段的水段塞注入和起作用是很难的。并且，井网过稀、井距过大，不利于获得较高的气驱或水驱采收率。某区块平均渗透率 2.0mD，储量丰度 $50 \times 10^4$t/km$^2$，利用以上模型研究了 $CO_2$ 驱经济性极限和经济最优井网密度随吨油操作成本的变化情况，发现经济合理井网密度约为 12~16 口/km$^2$，并且经济极限和经济合理井网密度窗口较狭窄，井距在 250~300m 之间可以接受，可以采取 270m 左右的井距。

## 二、低渗透油藏气驱生产气油比计算方法

在明确产出气构成的基础上，对不同开发阶段的生产气油比进行了研究：见气前生产气油比采用原始溶解气油比、见气后的油墙集中采出阶段借鉴气驱油墙描述方法预测生产气油比、气窜后的游离气形成的气油比则联合应用油气渗流分流方程、Corey 模型和 Stone 方程、低渗透油藏气驱增产倍数，以及水气

交替注入段塞比等概念进行直接计算。最终得到了注气混相驱项目全生命周期生产气油比计算方法，并介绍了新方法的应用，丰富了低渗透油藏气驱油藏理论方法体系。

### 1. 气驱生产气油比的构成

气驱开发油藏产出气由原油溶解气和注入气构成。由于生产井见注入气时间和见气浓度存在差异，不同开发阶段的产出气组分组成亦有别，气驱生产气油比可按照见气前、见气后和气窜后三个阶段进行预测。见气前产出气为原始溶解气；见气后产出气主要来自以溶解态存在于"油墙"的原始伴生气和注入气，也可能有少量游离气；而气窜后的产出气则包括沟通注采井的游离气和地层油中的溶解气。此外，在地层水中的溶解气也贡献一部分生产气油比。

油田开发实践中可假设井底流压位于泡点压力附近，则不同阶段的气驱生产气油比可表示为：

$$\text{GOR} = \begin{cases} R_{si} + R_{dsw} & \text{见气前} \\ R_{sob} + \text{GOR}_{pf} + R_{dsw} & \text{气窜前} \\ \text{GOR}_{pf} + R_{dsro} + R_{dsw} & \text{气窜后} \end{cases} \quad （3\text{-}36）$$

式中　$R_{si}$——地层油的原始溶解气油比，$m^3/m^3$；

$R_{dsw}$——水溶气等效生产气油比，$m^3/m^3$；

$R_{sob}$——注入气在油墙中的溶解气油比（根据油墙描述成果确定），$m^3/m^3$；

$R_{dsro}$——饱和溶解气油比，$m^3/m^3$；

$\text{GOR}_{pf}$——游离气相形成的气油比，$m^3/m^3$。

根据式（3-36），气驱生产气油比由原始溶解气油比、水溶气等效生产气油比、"油墙"溶解气油比、游离气相形成的气油比，以及地层油饱和溶解气油比等四个变量确定。

### 2. 水溶气等效气油比计算方法

地层水中存在溶解气，对生产气油比也有贡献，与地层水溶解气形成的等效生产气油比为：

$$R_{dsw} = \frac{f_{wgf}}{1 - f_{wgf}} R_{dswT} \qquad （3-37）$$

式中　　$R_{dswT}$——地层水气体总溶解度，$m^3/m^3$；

　　　　$f_{wgf}$——混相或近混相气驱综合含水率。

地层水中溶解的气体可能包括天然伴生气和注入气两部分。可以认为，在见气前仅溶解有天然伴生气；在见气后，由于气驱"油墙"中的溶解的注入气尚为达到饱和状态，注入气优先向地层油中溶解，地层水中亦仅溶解有天然伴生气；气窜后，地层出现游离气，地层油处于饱和溶解态，注入气在地层水中的溶解也处于饱和状态。

因此，不同开发阶段的地层水气体总溶解度可表达如下：

$$R_{dsw} = \begin{cases} R_{dswi} & \text{见气前} \\ R_{dswi} & \text{气窜前} \\ R_{dswi} + R_{dswing} & \text{气窜后} \end{cases} \qquad （3-38）$$

式中　　$R_{dswi}$——天然伴生气在地层水中溶解度，$m^3/m^3$；

　　　　$R_{dswing}$——注入气在地层水中的溶解度，$m^3/m^3$。

3."油墙"溶解气油比预测方法

混相或近混相状态下，气驱油效率高于水驱油效率。随着被高压挤入油层并朝生产井运动，注入气将带动原油中的较轻组分在井间筑起一定规模的"油墙"，此区域含油饱和度高于水驱情形。高压气驱"油墙"形成过程可分解为"近注气井轻组分挖掘 → 轻组分携带 → 轻组分堆积 → 轻组分就地掺混融合"四个子过程。气驱"油墙"形成机制可概括为注入气与地层油混合体系相变形成的上、下液相之间的"差异化运移"和自由富化气相流动前缘由于压力降落梯度陡然增大引起的"加速凝析加积"。

根据"油墙"形成过程可知，"油墙"溶解的注入气有如下来源：

（1）"差异化运移"机制成墙轻质液溶解的注入气；

（2）"加速凝析加积"机制成墙墙轻质液溶解的注入气；

（3）"加速凝析加积"机制凝析液加积后剩余富化气向"油墙"中溶解；

（4）注入气以游离态形式向"油墙"中直接溶解。

对于基质型油藏，由于气窜之前"油墙"主体、油墙后缘混相带与注入气三者之间的前后序列关系始终存在，以及产生自由气相往往要求累计注入气量达到 0.3HCPV 以上，故在第四部分注入气在见气见效阶段"油墙"溶气量中占比很小或不存在，予以忽略。

基于简化实际气驱过程的"三步近似法"、物质平衡原理和基本相态原理，将"差异化运移"和"加速凝析加积"两种气驱"油墙"形成机制与挥发油藏和凝析气藏开发实际经验相结合，可得到见气后"油墙"的溶解气油比计算方法[2]：

$$R_{sob} = \frac{\chi_s \dfrac{\rho_{oe}}{\rho_{ob}} \dfrac{B_o}{B_{oe}} R_{smc} + R_{si}}{\chi_s \dfrac{\rho_{oe}}{\rho_{ob}} \dfrac{B_o}{B_{oe}} + 1} + \kappa B_{ob} \dfrac{\rho_{gr}}{\rho_{grs}} \quad （3\text{-}39）$$

$$\chi_s = \frac{\Delta S_{ob} / S_o}{1 - \Delta S_{gdo} / S_o}$$

式中　$R_{sob}$——注入气在油墙中的溶解气油比，$m^3/m^3$；

$\quad\quad R_{smc}$——成墙轻质液的溶解气油比，$m^3/m^3$；

$\quad\quad \rho_{ob}$——"油墙油"密度，$kg/m^3$；

$\quad\quad \rho_{oe}$——成墙液轻质液密度，$kg/m^3$；

$\quad\quad B_o$——地层原油体积系数；

$\quad\quad B_{oe}$——成墙轻质液的体积系数；

$\quad\quad B_{ob}$——油墙体积系数；

$\quad\quad \rho_{gr}$——凝析后剩余富化气的地下密度，$kg/m^3$；

$\quad\quad \rho_{grs}$——凝析后剩余富化气的地面密度，$kg/m^3$；

$\quad\quad S_o$——转气驱时的平均剩余油饱和度；

$\quad\quad \Delta S_{ob}$——"油墙"区域的含油饱和度与转驱时的剩余油饱和度之差；

$\chi_s$——系数；

$\Delta S_{gdo}$——流线上非混相气驱油步骤形成的平均含气饱和度；

$\kappa$——剩余富化气地下体积与"油墙"地下体积之比，取 0.07~0.08。

必须指出，从见气到气窜阶段，由于"油墙"覆盖区域不存在游离气相，注入气在"油墙"中的溶解并未达到饱和状态。

### 4. 饱和溶解气油比预测方法

饱和溶解气油比系指地层油中溶解注入气直至饱和状态时的溶解气油比。饱和溶解气油比可根据注气膨胀实验有关结果精确确定，亦可经过数学计算得到。根据物质的量与体积之间的换算方法，不难得到注入气在地层油中的摩尔含量与饱和溶解气油比之间的定量关系：

$$R_{dsr} = \frac{22.4 n_{ing}}{\dfrac{\left(1 - n_{ing}\right) M_{Wo}}{\rho_o B_o}} \tag{3-40}$$

式中　$n_{ing}$——注入气在地层油中的摩尔分数；

　　　$\rho_o$——地层油密度，$kg/m^3$；

　　　$M_{Wo}$——地层油分子量。

### 5. 游离气形成的生产气油比预测方法

将气窜后的游离气相流度记为 $M_{gf}$，油相流度记为 $M_o$，则根据油气渗流分流方程，游离气引起的气油比折算到地面条件下可写作：

$$\text{GOR}_{pf} = \frac{B_o}{B_g} \frac{M_{gf}}{M_o} = \frac{B_o}{B_g} \frac{\mu_o}{\mu_g} \frac{K_{rgf}}{K_{ro}} \tag{3-41}$$

式中　$B_o$——地层油的体积系数；

　　　$B_g$——游离气相的体积系数；

　　　$K_{rgf}$——游离气体的相对渗透率；

　　　$K_{ro}$——地层油的相对渗透率；

　　　$\mu_g$——油藏条件下游离气相黏度，$mPa \cdot s$；

　　　$\mu_o$——地层油黏度，$mPa \cdot s$。

将气窜后油藏平均含气饱和度记为 $S_g$，三相共存时的气体相对渗透率根据油气两相和水气两相 Stone 模型的三次型乘积进行估算：

$$K_{rgf} = \frac{K_{rgcw}\left(S_g - S_{gr}\right)^3}{\left(1 - S_{org} - S_{gr}\right)^2\left(1 - S_{wc} - S_{gr}\right)} \qquad (3-42)$$

式中　$K_{rgcw}$——不可动液相饱和度时的气体相对渗透率，一般取 0.5；

　　　$S_g$——平均含气饱和度；

　　　$S_{gr}$——残余气（临界含气）饱和度；

　　　$S_{wc}$——束缚水饱和度；

　　　$S_{org}$——气驱残余油饱和度。

混相驱或近混相驱时，地层压力得以保持，可以近似认为采出流体腾退的油藏空间完全被注入的流体充填占据。水气交替注入的饱和度低于单相流体连续注入时的饱和度，能够降低含水率或者气油比，并扩大注入气的波及体积，因而成为低成本改善气驱效果的主要做法。将水气段塞比记为 $r_{wgs}$，则水气交替注入时的含气饱和度近似为：

$$S_g = \sum_{i=1}^{n} \frac{S_{oi}}{r_{wgs} + 1} R_{vg} \left( B_o + \frac{f_{wgf} B_w}{1 - f_{wgf}} \right)_i - S_{gp} \qquad (3-43)$$

式中　$f_{wgf}$——混相或近混相气驱综合含水率；

　　　$R_{vg}$——气驱采油速度。

与某阶段采出游离气相应的含气饱和度为：

$$S_{gp} = \sum_{i=1}^{n} \frac{Q_{og} GOR_{pf} B_g}{OOIP / S_{oi}} \qquad (3-44)$$

式中　$OOIP$——地质储量，t；

　　　$S_{gp}$——采出气占据的饱和度，%；

　　　$S_{oi}$——含油饱和度。

气驱含水率可由气驱增产倍数（$F_{gw}$）近似计算：

$$f_{wgf} = 1 - F_{gw}(1 - f_w) \qquad (3-45)$$

式中 $f_w$——水驱综合含水率（可借鉴同类型油藏水驱经验）。

地层油的相对渗透率按 Corey 模型测算：

$$K_{ro} = \left( \frac{S_o - S_{org} - S_{gr}}{1 - S_{wc} - S_{org} - S_{gr}} \right)^2 \tag{3-46}$$

式中 $K_{ro}$——地层油的相对渗透率；

$S_o$——某时刻的气驱剩余油饱和度。

某开发年末的气驱剩余油饱和度为：

$$S_o = S_{oi} \left[ 1 - \sum_{i=1}^{n} (R_{vg} B_o)_i \right] \tag{3-47}$$

式中 $R_{vg}$——气驱采油速度。

式（3-46）中的气驱采油速度计算方法为：

$$R_{vg} = Q_{og} / N_o \tag{3-48}$$

式中 $N_o$——原油地质储量，$m^3$。

根据采收率等于波及系数和驱油效率之积这一油藏工程基本原理可得到低渗透油藏气驱产量预测普适方法：

$$Q_{og} = F_{gw} Q_{ow} \tag{3-49}$$

式中 $F_{gw}$——低渗透油藏气驱增产倍数；

$Q_{og}$——某时间段的气驱产量水平，t/a；

$Q_{ow}$——"同期的"水驱产量水平，t/a。

式（3-49）中的低渗透油藏气驱增产倍数 $F_{gw}$ 被严格定义为见效后某时间的气驱产量与"同期的"水驱产量水平之比（即假设该油藏不注气，而是持续注水开发），确定方法如下：

$$\begin{cases} F_{gw} = \dfrac{Q_{og}}{Q_{ow}} = \dfrac{R_1 - R_2}{1 - R_2} \\ R_1 = E_{Dgi} / E_{Dwi}, \ R_2 = R_{e0} / E_{Dwi} \end{cases} \tag{3-50}$$

式中 $R_1$——气和水的初始驱油效率之比；

$R_2$——转气驱时广义可采储量采出程度；

$E_{Dgi}$——气的初始（油藏未动用时）驱油效率；

$E_{Dwi}$——水的初始（油藏未动用时）驱油效率；

$R_{e0}$——转驱时的采出程度。

根据式（3-50），若想获得气驱产量变化，就须知"同期的"水驱产量。由于注气之前的水驱产量是已知的，根据水驱递减规律（比如指数递减）即可预测后续开发年份的水驱产量水平：

$$Q_{ow} = Q_{ow0}e^{-D_w t} \qquad (3-51)$$

式中　$t$——开发时间，a；

　　$Q_{ow}$——某年份的水驱产量水平，t；

　　$Q_{ow0}$——注气之前一年内的水驱产量水平，t；

　　$D_w$——水驱产量年递减率。

注气之前一年内的水驱采油速度为：

$$R_{vw0} = Q_{ow0} / N_o \qquad (3-52)$$

式中　$N_o$——原油地质储量，$m^3$。

将式（3-48）至式（3-52）代入式（3-47）得到某开发年末的气驱剩余油饱和度为：

$$S_o = S_{oi}\left[1 - \sum_{i=1}^{n}\left(F_{gw}B_o R_{vw0}e^{-D_w t}\right)_i\right] \qquad (3-53)$$

将式（3-42）至式（3-46）、式（3-50）和式（3-53）代入式（3-41），即可得到游离气相引起的生产气油比。

### 6. 水气交替注入对二氧化碳驱生产气油比的影响

某低渗透油藏实施 $CO_2$ 混相驱，地层油黏度为 1.80mPa·s，注气时油藏综合含水率约为 45%，注气前采出程度约为 3.5%，初始含油饱和度为 55%，原始溶解气油比为 34.5%。$CO_2$ 混相驱油效率为 80%，水驱油效率为 54.8%，$CO_2$ 地下密度为 550kg/$m^3$，$CO_2$ 驱最小混相压力为 23.0MPa，束缚气饱和度为 4.0%，气驱残余油饱和度为 11%，同类型油藏水驱稳产期采油速度约为 1.7%，水驱产量年度综合递减率约为 10%。利用式（3-30）计算得到该油藏 $CO_2$ 驱增产倍数为 1.51，利用式（3-29）求得该油藏 $CO_2$ 驱稳产采油速度约为 2.56%。将这些参数代入式将式（3-23）至式（3-25）和式（3-33），对水气交替注入条件下项目评价期（15 年）内生产气油比进行了研究。从图 3-2 可以看到，水气交替注入对生产气油比影响很大，水气段塞比为 1 时评价期末生产气油比为 924m³/m³，而连续注气时评价期末生产气油比为 2450m³/m³。

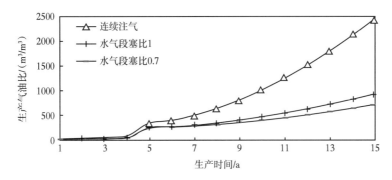

图 3-2　不同注入方式下的生产气油比变化情况

### 三、低渗透油藏注采比与注气量设计方法

注气实践表明，混相驱增油效果好于非混相驱，提高驱油效率是注气大幅度提高低渗透油藏采收率的主要机理。对于埋藏深且驱替难度大的低渗透油藏，尽管实施混相驱对工程的要求更高，混相驱项目数仍然远多于非混相驱项目数。细管实验表明，地层压力水平决定混相程度和气驱油效率，为在给定时间内将地层压力抬高到目标水平，合理气驱注采比确定成为气驱开发方案编制的一个重要问题。著者根据物质平衡原理，较为全面地考虑多种影响因素，建立了低渗透油藏气驱注采比和注气量确定油藏工程方法。

#### 1. 气驱注采比计算

考虑介质变形，忽略出砂因素，根据物质平衡原理，在某一注气阶段，油藏内注入与采出各相流体体积之间存在关系，其表达式为：

$$L_{pr} + G_{pf}B_g = \left( G_{innet} - G_{disv} - G_{solid} \right)B_g + W_{effin}B_w + \Delta L_{expand} + W_{inv} - \Delta V_p \qquad (3\text{-}54)$$

其中

$$L_{\mathrm{pr}} = N_{\mathrm{p}} B_{\mathrm{o}} + W_{\mathrm{p}} B_{\mathrm{w}} \qquad (3\text{-}55)$$

$$N_{\mathrm{p}} = \frac{L_{\mathrm{pr}}\left(1 - f_{\mathrm{wr}}\right)}{B_{\mathrm{o}}} \qquad (3\text{-}56)$$

$$f_{\mathrm{wr}} = \frac{1}{\dfrac{1 - f_{\mathrm{w}}}{f_{\mathrm{w}}}\dfrac{B_{\mathrm{o}}}{B_{\mathrm{w}}} + 1} \qquad (3\text{-}57)$$

$$G_{\mathrm{innet}} = G_{\mathrm{in}} - G_{\mathrm{indry}} - G_{\mathrm{fraclead}} \qquad (3\text{-}58)$$

$$\Delta V_{\mathrm{p}} = \Delta V_{\mathrm{p_p}} + \Delta V_{\mathrm{pchem}} \qquad (3\text{-}59)$$

$$\Delta V_{\mathrm{p_p}} = V_{\mathrm{p}} C_{\mathrm{t}} \Delta p \qquad (3\text{-}60)$$

$$C_{\mathrm{t}} = \phi\left(S_{\mathrm{o}} C_{\mathrm{o}} + S_{\mathrm{w}} C_{\mathrm{w}} + S_{\mathrm{g}} C_{\mathrm{g}}\right) + C_{\phi} \qquad (3\text{-}61)$$

$$\Delta V_{\mathrm{pchem}} = \int_0^{G_{\mathrm{innet}}} V_{\mathrm{pchemG}} \mathrm{d} G_{\mathrm{innet}} \qquad (3\text{-}62)$$

式中　$L_{\mathrm{pr}}$——采出液的地下体积，$\mathrm{m}^3$；

$G_{\mathrm{pf}}$——采出游离气的地面体积，$\mathrm{m}^3$；

$B_{\mathrm{g}}$——气相体积系数；

$G_{\mathrm{innet}}$——进入目标油层注入气的地面体积，$\mathrm{m}^3$；

$G_{\mathrm{disv}}$——油藏流体溶解注入气体积，$\mathrm{m}^3$；

$G_{\mathrm{solid}}$——成矿固化注入气的地面体积，$\mathrm{m}^3$；

$W_{\mathrm{effin}}$——有效注水量（即扣除泥岩吸收和裂缝疏导至油藏之外部分的注入水量），$\mathrm{m}^3$；

$B_{\mathrm{w}}$——水相体积系数；

$\Delta L_{\mathrm{expand}}$——注入气溶解引发的油藏流体膨胀，$\mathrm{m}^3$；

$W_{\mathrm{inv}}$——外部环境向注气区域的液侵量，$\mathrm{m}^3$；

$\Delta V_{\mathrm{p}}$——注气引起的孔隙体积变化，$\mathrm{m}^3$；

$N_{\mathrm{p}}$——阶段采出油的地面体积，$\mathrm{m}^3$；

$B_o$——油相体积系数；

$W_p$——地面采水量，$m^3$；

$f_{wr}$——地下含水率；

$f_w$——地面含水率；

$G_{in}$——注入气的地面总体积，$m^3$；

$G_{indry}$——干层吸气量，$m^3$；

$G_{fraclead}$——裂缝疏导气量，$m^3$；

$\Delta V_{p_p}$——地层压力升高引起的压敏介质孔隙体积膨胀，$m^3$；

$V_{pchem}$——注入气成矿反应引起的孔隙体积变化，$m^3$；

$V_p$——孔隙体积，$m^3$；

$C_t$——综合压缩系数，$MPa^{-1}$；

$\Delta p$——想要达到的地层压力增量，$MPa$；

$\phi$——孔隙度；

$S_o$——含油饱和度；

$C_o$——油相压缩系数，$MPa^{-1}$；

$S_w$——波及区含水饱和度；

$C_w$——水相压缩系数，$MPa^{-1}$；

$S_g$——含气饱和度；

$C_g$——气相压缩系数，$MPa^{-1}$；

$C_\phi$——岩石压缩系数，$MPa^{-1}$；

$V_{pchemG}$——注入气可能造成的酸岩反应所引起的孔隙体积变化速率，$m^3/m^3$。

随着注气量增加，受地层流体溶气能力限制，油藏会出现游离气。游离气油比可定义为采出游离气的地面体积与阶段采油量之比，其表达式为：

$$GOR_{pf} = \frac{G_{pf}}{N_p} \tag{3-63}$$

式中 $GOR_{pf}$——游离气油比，$m^3/m^3$。

产出气包括原始伴生溶解气和注入气，注入气组分贡献的生产气油比为：

$$GOR_{ing} = \frac{G_{ping}}{N_p} = GOR - R_{si} \qquad (3-64)$$

式中 $GOR_{ing}$——注入气组分贡献的生产气油比，$m^3/m^3$；

　　$GOR$——生产气油比，$m^3/m^3$。

若无溶解作用，注入气所波及区域的孔隙体积等于扣除采出部分后的注入气体积与含气饱和度之比，其表达式为：

$$V_{Gsweep} = \frac{G_{innet}B_g - G_{ping}B_g}{S_g} \qquad (3-65)$$

式中 $V_{Gsweep}$——注入气所波及区域的孔隙体积，$m^3$；

　　$G_{ping}$——注入气中被采出部分，$m^3$。

在注入气波及区域，高压注气形成的剩余油饱和度近似为残余油饱和度，则该区域的含气饱和度为：

$$S_g = 1 - S_w - S_{or} \qquad (3-66)$$

将式（3-66）代入式（3-65），得：

$$V_{Gsweep} = \frac{G_{innet}B_g - G_{ping}B_g}{1 - S_w - S_{or}} \qquad (3-67)$$

注入气驱离原地的水近似等于阶段产出水，注入气波及区含水饱和度可写为：

$$S_w = S_{wi}\left(1 - \Delta R_e \frac{S_{oi}}{S_{wi}} \frac{f_w}{1 - f_w} \frac{B_w}{B_o}\right) \qquad (3-68)$$

注入气波及区域内的剩余油、水体积分别为：

$$V_{o\text{-}insweep} = V_{Gsweep}S_{or} \qquad (3-69)$$

$$V_{w\text{-}insweep} = V_{Gsweep}S_w \qquad (3-70)$$

实际上，注入气接触油藏流体，在压力和扩散作用下引起的溶解量为：

$$G_{\text{disv}} = V_{\text{o-insweep}} R_{\text{Do}} + V_{\text{w-insweep}} R_{\text{Dw}} \quad\quad （3-71）$$

注入气溶解引发的油藏流体膨胀为：

$$\Delta L_{\text{expand}} = V_{\text{o-insweep}} \Delta B_{\text{oD}} + V_{\text{w-insweep}} \Delta B_{\text{wD}} \quad\quad （3-72）$$

式中　$S_{\text{or}}$——残余油饱和度；

　　　$S_{\text{wi}}$——原始含水饱和度；

　　　$\Delta R_{\text{e}}$——研究时域的阶段采出程度；

　　　$S_{\text{oi}}$——原始含油饱和度；

　　　$V_{\text{o-insweep}}$——注入气波及区剩余油体积，$m^3$；

　　　$V_{\text{w-insweep}}$——注入气波及区水相体积，$m^3$；

　　　$G_{\text{disv}}$——注入气在油藏流体中的溶解量，$m^3$；

　　　$R_{\text{Do}}$——注入气在地层油中的溶解度，$m^3/m^3$；

　　　$R_{\text{Dw}}$——注入气在地层水中的溶解度，$m^3/m^3$；

　　　$\Delta B_{\text{oD}}$——溶解注入气后地层油体积系数增量；

　　　$\Delta B_{\text{wD}}$——溶解注入气后地层水体积系数增量。

对于具有一定裂缝发育程度的油藏，可能存在注入气沿着裂缝窜进，并被疏导至注气井组以外区域的现象。需要对这部分裂缝疏导气量进行描述，裂缝疏导气量仍可按地层系数法表述为：

$$G_{\text{fraclead}} = \frac{G_{\text{in}} H d_{\text{frac}} h_{\text{frac}} w_{\text{frac}} v_{\text{frac}}}{2\pi r_{\text{w}} H v_{\text{matrix}} + H d_{\text{frac}} h_{\text{frac}} w_{\text{frac}} v_{\text{frac}}} \quad\quad （3-73）$$

基质吸气包括有效厚度段吸气和干层吸气2部分。单位时间内进入基质的体积，即基质吸气速度为：

$$2\pi r_{\text{w}} H v_{\text{matrix}} = 2\pi r_{\text{w}} h_{\text{e}} v_{\text{effg}} + 2\pi r_{\text{w}} (H - h_{\text{e}}) v_{\text{dryg}} \quad\quad （3-74）$$

实践中发现存在干层吸气现象，干层吸气量可以按照地层系数法进行描述：

$$G_{\text{indry}} = \frac{(G_{\text{in}} - G_{\text{fraclead}})(H - h_{\text{e}}) v_{\text{dryg}}}{(H - h_{\text{e}}) v_{\text{dryg}} + h_{\text{e}} v_{\text{effg}}} \quad\quad （3-75）$$

根据地层系数法，干层和有效厚度层段的吸气速度比值近似等于二者的平均渗透率比值，即：

$$\frac{v_{effg}}{v_{dryg}} \approx \frac{K_{eff}}{K_{dry}} \qquad (3\text{-}76)$$

式中　$H$——注气井段长度，m；

　　　$d_{frac}$——裂缝密度，条/m；

　　　$h_{frac}$——平均裂缝高度，m；

　　　$w_{frac}$——平均裂缝宽度，m；

　　　$v_{frac}$——裂缝内气体流速，m/s；

　　　$v_{matrix}$——基质内气体流速，m/s；

　　　$r_w$——井筒半径，m；

　　　$h_e$——有效厚度，m；

　　　$v_{effg}$——有效厚度内气体流速，m/s；

　　　$v_{dryg}$——干层段气体流速，m/s；

　　　$K_{eff}$——有效厚度层段渗透率，mD；

　　　$K_{dry}$——干层渗透率，mD。

若实施水气交替注入，地下水气段塞比定义为：

$$r_{wgs} = \frac{W_{effin}B_w}{G_{innet}B_g} \qquad (3\text{-}77)$$

式中　$r_{wgs}$——地下水气段塞比。

中国低渗透油藏地层压力往往低于原始压力。将注气井组区域视为一口"大井"，则"大井"井底流压等于注气井区的地层压力。如果注气井区的地层压力低于注气井区外部地层压力，则"大井"为汇；反之，"大井"为源。根据达西定律可以得到外部与"大井"换液量估算式：

$$W_{inv} = -198 r_e h_e \frac{K_w}{\mu_w f_{wr}} \frac{p_{rg} - p_{rex}}{L} \Delta t \qquad (3\text{-}78)$$

式中　$r_e$——试验区"大井"等效半径，m；

　　　　$K_w$——水相渗透率，mD；

　　　　$\mu_w$——地层水黏度，mPa·s；

　　　　$p_{rg}$——研究时间段内注气井区地层压力的平均值，MPa；

　　　　$p_{rex}$——注气井区外部地层压力，MPa；

　　　　$L$——平均注采井距，m；

　　　　$\Delta t$——研究时间段，a。

联立式（3-54）至式（3-78），整理得到基于采出油水两相地下体积和采出油、水和气三相地下体积的气驱注采比分别为：

$$R_{IPm2} = \frac{1 + \left(1 - f_{wr}\right)F_{CPGF} - R_{IPn}}{\left(1 - F_{dry\&frac}\right)\left(1 - F_{SRB} + r_{wgs}\right)} \tag{3-79}$$

$$R_{IPm3} = \frac{1 + \left(1 - f_{wr}\right)F_{CPGF} - R_{IPn}}{\left(1 - F_{dry\&frac}\right)\left(1 - F_{SRB} + r_{wgs}\right)F_{3P}} \tag{3-80}$$

其中

$$F_{CPGF} = F_{BGRF} + \frac{C_t}{S_{oi}R_{vgc}}\frac{\Delta p}{\Delta t} \tag{3-81}$$

$$F_{BGRF} = \frac{B_g}{B_o}\left[GOR_{pf} - \left(GOR - R_{si}\right)F_{SRB}\right] \tag{3-82}$$

$$F_{SRB} = \frac{S_{or}\left(R_{Do}B_g - \Delta B_{oD}\right) + S_w\left(R_{Dw}B_g - \Delta B_{wD}\right)}{1 - S_{org} - S_w} \tag{3-83}$$

$$F_{dry\&frac} = \left(1 - F_{fracflow}\right)\left(1 - F_{dryflow}\right) \tag{3-84}$$

$$F_{fracflow} = \frac{F_{dwK}}{F_{rNTGK} + F_{dwK}} \tag{3-85}$$

$$F_{dryflow} = \frac{1 - F_{Fracflow}}{1 + \dfrac{NTG}{1 - NTG}\dfrac{K_{eff}}{K_{dry}}} \tag{3-86}$$

$$F_{rNTGK} = 2\pi r_w \left[ NTG + (1-NTG)\frac{K_{dry}}{K_{eff}} \right] \quad (3-87)$$

$$F_{dwK} = d_{frac} h_{frac} w_{frac} \frac{K_{frac}}{K_{eff}} \quad (3-88)$$

$$R_{IPn} = \frac{W_{inv} f_{wr}}{N_p B_o} \quad (3-89)$$

$$F_{3P} = 1 + \frac{B_g}{B_o} GOR_{pf}(1-f_{wr}) \quad (3-90)$$

式中　$R_{IPm2}$——基于采出油水两相地下体积的气驱注采比；

$F_{CPGF}$，$R_{IPn}$，$F_{dry\&frac}$，$F_{SRB}$，$F_{3P}$，$F_{BGRF}$，$F_{fracflow}$，$F_{dryflow}$——中间变量；

$R_{IPm3}$——基于采出油、水、气三相地下体积的气驱注采比；

$R_{vgc}$——折算到研究时域的气驱采油速度；

$F_{dwK}$，$F_{rNTGK}$——中间变量，m；

NTG——净毛比（有效厚度与地层厚度之比）。

### 2. 单井注气量设计方法

根据气驱增产倍数概念，单井日产液量的地下体积可表示为：

$$L_{rwell} = \frac{q_{og} B_o}{1-f_{wr}} = \frac{F_{gw} q_{ow} B_o}{1-f_{wr}} \quad (3-91)$$

式中　$q_{og}$——气驱单井日产油量，$m^3$。

利用基于采出油气水三相的气驱注采比计算公式，可以得到相应的单井注气量：

$$q_{inj} = \frac{n_o L_{rwell} R_{IPm3}}{n_{inj}} \rho_g = \lambda L_{rwell} R_{IPm3} \rho_g \quad (3-92)$$

式中　$L_{rwell}$——单井日产液的地下体积，$m^3$；

$n_o$——生产井数，口。

将式（3-91）代入式（3-92），可得到：

$$q_{inj} = \lambda \frac{F_{gw} q_{ow} B_o}{1 - f_{wr}} R_{IPm3} \rho_g \qquad （3-93）$$

式中　$q_{ow}$——"同期的"水驱单井日产油量，$m^3$；

　　　$q_{inj}$——单井日注气量，t；

　　　$n_{inj}$——注气井数，口；

　　　$\rho_g$——注入气的地下密度，$t/m^3$；

　　　$\lambda$——生产井与注气井数之比。

### 3. 应用举例

在获取背景资料后，吉林油田黑 59 区块 $CO_2$ 混相驱提高采收率试验项目于 2008 年 5 月开始橇装注气，注气层位为青一段砂岩油藏，有效厚度为 10m，储层渗透率为 3.0mD，净毛比为 0.7；干层段渗透率为 0.1mD，裂缝发育密度为 0.25 条 /m，裂缝渗透率为 500mD，缝宽为 3mm，平均缝高为 0.3m。地层原油黏度为 1.8mPa·s，注气时油藏综合含水率约为 45%，注气前采出程度约为 3.5%，$CO_2$ 地下密度为 550kg/$m^3$，$CO_2$ 驱最小混相压力为 23.0mPa，开始注气时地层压力为 16.0mPa，气驱增压见效阶段地层压力升高约 8mPa，气驱增产倍数约为 1.5，束缚气饱和度为 4%，气驱残余油饱和度为 11%，初始含油饱和度为 55%，原始溶解气油比为 35$m^3/m^3$，游离气相黏度为 0.06mPa·s，$CO_2$ 驱稳产期采油速度约为 2.5%。

应用式（3-79）和式（3-80）计算了该区块气驱注采比，其中的气驱生产气油比按式（3-36）计算。气驱注采比计算结果表明，在连续注气下，基于采出油水两相地下体积的气驱注采比变化曲线在气窜后呈现上翘态势（图 3-3），远大于基于采出油气水三相流体地下体积的气驱注采比。水气交替注入方式下，该区块基于采出油气水三相地下体积的注采比与基于采出流体中油水两相地下体积的注采比变化曲线比较接近（图 3-4），这表明水气交替注入方式下，由于生产气油比得以有效控制，不论是在注气早期（见气前）、中期（见气到气窜），还是后期（气窜后）按照基于采出油水两相地下体积的气驱注采比进行配注是可行的。

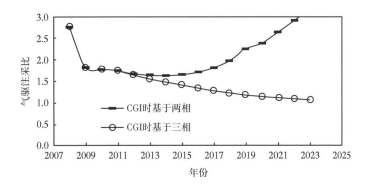

图 3-3　连续注气下基于两相和三相采出流体体积的气驱注采比

图 3-4　水气交替下基于两相和三相采出流体体积的气驱注采比

根据式（3-93）可以计算出注气早期单井日注入量为 37.2t，与实际单井日注入量为 40t 接近；根据式（3-93）计算见气后正常生产阶段单井日注入量为 23.4t，与实际单井日注入量为 25t 接近。

基于采出油水两相地下体积的和基于采出油气水三相地下体积的气驱注采比计算公式，进一步丰富了注气驱油开发方案设计油藏工程方法理论体系。连续注气时，基于采出油水两相地下体积的气驱注采比曲线在气窜后上翘趋势明显，在气窜后按照基于采出油水两相地下体积的气驱注采比进行配注将引起较大偏差，须按照基于采出油气水三相地下体积的气驱注采比进行配注。水气交替注入时，生产气油比升高得以有效控制，研究周期内按照基于采出油水两相地下体积的气驱注采比进行配注具有可行性。

## 四、低渗透油藏 WAG 注入段塞比设计方法

注气方式仅分为 CGI（连续注气）和 WAG（水气交替注入）两种。水气交替注入是与气介质连续注入相对的一个概念，周期注气或脉冲注气可视为水气交替特殊形式（水段塞极小），这就涉及水、气段塞体积大小与比例问题。国际上认为最佳水气段塞比与储层润湿性关系密切，Jachson 等学者根据一注一采平板物理模型驱替实验发现：对于水湿油藏，当水气段塞比为 0∶1，即连续注气时的驱油效果最好；对于油湿储层，水气段塞比为 1∶1 时可获得最大采收率，并且 1∶1 的水气段塞比在气驱开发实践中最为常见。从岩心滴水实验知道，不含油孔隙常表现为对水快速渗透，含油性差的孔隙自吸能力较弱，而饱含油孔隙的吸水能力很弱或无明显的水相自渗吸发生。对于强水湿低渗透储层，水自渗吸作用可能超过甚至远大于注采压差驱替作用，采取连续注气方式有其必要性；对于无法正常注水的强水敏特低渗透储层，亦不得不采取连续注气方式；对于水相自渗吸微弱或部分油湿低渗透储层（通过岩心滴水实验判断），人工高压压注克服黏滞力是注气驱油的决定性动力，可以实施水气交替注入改善注气效果。本文亦针对第三类储层的水气交替问题进行研究，试图从理论上给出水气段塞比合理区间，为气驱实践提供油藏工程理论依据。

### 1. 满足扩大波及体积要求

注入气波及体积大小决定了混相驱开发效果好坏。在低渗透油藏注气开发过程中，气体上浮和气相扩散对纵向波及系数对油藏开发影响甚微。由此，主要应关注平面波及系数的提高。多轮次水气交替注入正是起到了使气驱和水驱波及体积趋同的作用。只有每一个交替注入周期内气段塞的波及区域都能被紧接其后的水段塞覆盖了，才能及时保证注入气的波及体积得以扩大且接近水驱情形，这是扩大混相驱波及体积的充分条件。

记某个交替注入周期内的气段塞大小为 $\Delta V_{gs}$，水段塞大小为 $\Delta V_{ws}$，则地下水气段塞比：

$$r_{wgs} = \Delta V_{ws} / \Delta V_{gs} \qquad (3\text{-}94)$$

注入介质平面运移路径受控于注采压差、非均质性和黏性指标，注入水和气的宏观流向与分布基本一致。记气和水的平面波及系数分别为 $E_{Vg}$ 和 $E_{Vw}$，选择流动路径上大小为 $\Delta V_{gs} / E_{Vg}$ 的控制体，则控制体内水的波及范围是 $\Delta V_{gs} E_{Vw} / E_{Vg}$，并且可认为水的波及范围覆盖了气段塞。因此，水段塞尺寸至少须满足：

$$\Delta V_{ws} \geqslant \Delta V_{gs} E_{Vw} / E_{Vg} \qquad (3\text{-}95)$$

联立式（3-94）和式（3-95），可得到：

$$r_{wgs} \geqslant E_{Vw} / E_{Vg} \qquad (3\text{-}96)$$

式（3-96）意味着，只有地下水气段塞比大于水和气的平面波及系数之比，才可能使每个交替注入周期内的气段塞为水段塞所俘获，使气的波及体积扩大至水驱情形。虽然蒸发萃取作用能使前缘气相黏度升高，混相条件下二者处于同一数量级，但气相黏度毕竟仍低于水相黏度，注入气的波及系数仍会小于水的波及系数，故水气段塞比大于 1.0，该认识得到大量实验验证。注气段塞的波及系数和注入水段塞波及系数之比可作为水气段塞比的下限。

### 2. 满足提高驱油效率要求

气驱提高采收率主要得益于驱油效率的提高。尽可能将地层压力提高到最小混相压以上，实现混相驱才能获得理想的驱油效率。经验表明，气驱开发中后期地层压力常出现下降趋势，主要原因一是气窜后很难通过提高注气量补充地层能量；二是正常开发低渗透油藏难以维持足够高的水驱注采比来保持混相驱所需的高地层压力。产液量的相对稳定将使早期注气补充的能量被逐步消耗，当然地层压力消耗还有其他原因。总之，为稳定地层压力，水段塞不宜过大。

国内低渗透油藏多属天然能量微弱油藏，采出 1.0% 地质储量引起的地层压力下降一般都会大于 1.5MPa。因此，水段塞连续注入时间不能过长，以免造成地层压力下降影响驱油效率。现假设注水条件下单位采出程度的地层压力降为 $\Delta p_{wd}$，单 WAG 周期内水段塞注入期间容许地层压力下降 $\Delta p_{wsd}$。根据气驱增产倍数概念，见效高峰期气驱单井产量近似为 $F_{gw}q_{ow0}$。为保持见气见效高峰期地层压力须满足如下关系：

$$\frac{n_o F_{gw} q_{ow0} T_w}{0.01 N_o} \Delta p_{wd} \leqslant \Delta p_{wsd} \quad （3\text{-}97）$$

式中　$q_{ow0}$——注气之前一年内的正常水驱单井产量，t/d；

　　　$n_o$——生产井总数，口；

　　　$N_o$——注气时的地质储量，$10^4$t。

根据定义，气驱见效高峰期的注气动用层位的采油速度为：

$$R_{Vgs} = \frac{365 n_o F_{gw} q_{ow0}}{N_{oi}} \quad （3\text{-}98）$$

式中　$R_{Vgs}$——气驱见效高峰期或稳产期采油速度。

联立式（3-97）和式（3-98），可以得到：

$$T_w \leqslant \frac{3.65}{R_{Vgs}} \frac{\Delta p_{wsd}}{\Delta p_{wdd}} \quad （3\text{-}99）$$

低渗透油藏气驱增产倍数计算方法为：

$$\begin{cases} F_{gw} = \dfrac{R_1 - R_2}{1 - R_2} \\ R_1 = E_{Dgi} / E_{Dwi}, R_2 = R_{e0} / E_{Dwi} \end{cases} \quad （3\text{-}100）$$

式中　$F_{gw}$——低渗透油藏气驱增产倍数；

　　　$E_{Dgi}$，$E_{Dwi}$——气和水的初始（系指油藏未动用时）驱油效率；

　　　$R_1$——气和水初始驱油效率之比；

　　　$R_2$——转气驱时广义可采储量采出程度；

　　　$R_{e0}$——开始注气时采出程度。

假设交替注入单个周期内采出物地下总体积为 $\Delta N_p$，压敏效应引起孔隙体积收缩 $\Delta V_p$。根据物质平衡原理，采出物地下体积为地层压力下降引起的油藏流体（油、气、水）膨胀体积 $\Delta V_{rfe}$、孔隙体积收缩与注入气水段塞占据体积三者之和，即：

$$\Delta N_{\mathrm{p}} = \Delta V_{\mathrm{rfe}} + \Delta V_{\mathrm{p}} + (\Delta V_{\mathrm{gs}} + \Delta V_{\mathrm{ws}}) \tag{3-101}$$

将式（3-94）代入式（3-101）后，整理得：

$$r_{\mathrm{wgs}} = \frac{\Delta N_{\mathrm{p}} - \Delta V_{\mathrm{rfe}} - \Delta V_{\mathrm{p}}}{\Delta V_{\mathrm{gs}}} - 1 \tag{3-102}$$

根据式（3-102），当忽略油藏流体膨胀体积和孔隙体积收缩亦即地层压力稳定时，可以得到水气段塞比的最大值：

$$r_{\mathrm{wgs}} \leqslant \frac{\Delta N_{\mathrm{p}}}{\Delta V_{\mathrm{gs}}} - 1 \tag{3-103}$$

单个交替周期内的产出物等于水、气段塞分别注入期间的阶段产出量之和：

$$\Delta N_{\mathrm{p}} = \Delta N_{\mathrm{ptws}} + \Delta N_{\mathrm{ptgs}} \tag{3-104}$$

引入水段塞注入期间的水驱注采比：

$$r_{\mathrm{ipws}} = \Delta V_{\mathrm{ws}} / \Delta N_{\mathrm{ptws}} \tag{3-105}$$

引入气段塞注入期间的气驱注采比：

$$r_{\mathrm{ipgs}} = \Delta V_{\mathrm{gs}} / \Delta N_{\mathrm{ptgs}} \tag{3-106}$$

联立式（3-103）至式（3-106）可得水气段塞比上限：

$$r_{\mathrm{wgs}} \leqslant \frac{r_{\mathrm{ipws}}}{r_{\mathrm{ipgs}}} \frac{1}{\left(r_{\mathrm{ipws}} - 1\right)} \tag{3-107}$$

式（3-107）表明，在满足稳定地层压力需要时，水气段塞比上限受控于单交替周期内的水气两驱注采比。

### 3. 满足预防自由气连续窜进要求

在单个交替注入周期内，气段塞注入时间越长，气窜越严重，换油率越低，注气项目经济效益越差。在进入见气见效阶段后，为防止过度气窜，须对单交替周期内的注气时间进行严格控制。

现仅考察最先气窜的路径，即主流线（流管）上的气体运动情况。首先对低渗透油藏最先气窜主流管分布与物性特征进行界定：主流管在纵向上位于高渗段的最高渗透部位，平面上沿着高渗透条带最优势流动方向，物性级别为最先气窜主流管最好，高渗透段次之，二者都高于储层平均值。由于波及区可划分为大量流管，假设最先气窜主流管半径足够小，其平均孔喉半径近似等于主流喉道半径。研究表明，主流喉道半径约为储层平均孔喉半径的两倍，则主流管渗透率为储层平均值的 4 倍。将油层孔隙度平均值记为 $\phi_{av}$，绝对渗透率平均值为 $K_{ar}$。而主流管平均孔隙度为 $\phi_{sl}$，绝对渗透率为 $K_{sl}$，气体相对渗透率为 $K_{rg}$，注采压力差梯度为 $\mathrm{grad}p$。在见气见效之后，气体沟通注采井形成连续流动。根据达西定律，主流线上任意位置处的气相真实流速 $v_g$ 可表示为：

$$v_g = \frac{K_{sl}K_{rg}}{\phi_{sl}\mu_g}\mathrm{grad}p \qquad (3-108)$$

自由气沿主流管流过特定距离所用时间：

$$t_{gsl} = \int_0^{L_{gsl}} \frac{1}{v_g}\mathrm{d}x \qquad (3-109)$$

式中　$L_{gsl}$——自由气相沿主流管流过距离，m；

　　　$t_{gsl}$——气体流过给定距离所用的时间，s。

当地层压力基本稳定时，可忽略孔隙度和绝对渗透率的变化。对于气驱，近井压力梯度小；对于低渗透油藏，压降漏斗范围小，将压力梯度和气相黏度取值为井间广阔区域的平均值。作为近似，见气见效时压降漏斗以外波及区域的含气饱和度和相对渗透率均取平均值。据此，将式（3-108）代入式（3-109）得到：

$$t_{gsl} = \frac{\phi_{sl}\mu_g L_{gsl}}{K_{sl}K_{rg}\mathrm{grad}p} \qquad (3-110)$$

将见气见效时的含气饱和度记为 $S_g$，流线上的气相相对渗透率由 Stone 模型估算：

$$K_{rg} = K_{rgcw}\left(\frac{S_g - S_{gr}}{1 - S_{wc} - S_{gr} - S_{org}}\right)^{n_g} \qquad (3-111)$$

式中　$K_{rgcw}$——不可动液相饱和度时的气体相对渗透率，一般取 0.5；

$S_g$——平均含气饱和度；

$S_{gr}$——残余气（临界）含气饱和度；

$S_{wc}$——初始含水饱和度；

$S_{org}$——气驱残余油饱和度；

$n_g$——气体相对渗透率曲线幂指数，取值 1.0~3.0。

利用式（3-111）回归出相对渗透率与含气饱和度和主流管绝对渗透率的关系：

$$K_{rg} = \left(1.75S_g - 0.25\right)K_{sl}^{-0.2} \qquad (3-112)$$

高压注气驱油过程会产生成墙轻质液，运移于井间形成一定厚度的"油墙"。混相驱见气见效时的"油墙"厚度由下式计算：

$$\begin{cases} \dfrac{W_{ob}}{L_{sl}} = \dfrac{1}{1 + \dfrac{2}{3}S_o / \left(S_o - \Delta S_{gdo}\right)} \\ \Delta S_{gdo} = 0.3\mu_o^{-0.25}S_o \end{cases} \qquad (3-113)$$

式中　$W_{ob}$——不可动液相饱和度时的气体相对渗透率，一般取 0.5；

$S_o$——转驱时的含油饱和度；

$\Delta S_{gdo}$——完全非混相气驱油步骤形成的平均含气饱和度；

$\mu_o$——地层油黏度，mPa·s；

$L_{sl}$——主流管线长度，m。

根据式（3-113），可计算出混相驱见气见效时"油墙"厚度。见气见效后，单交替周期内自由气相运动的最长距离仅限于从注入井到"油墙"后缘的距离：

$$L_{gsl} = L_{sl} - W_{ob} \qquad (3-114)$$

不妨将最先气窜主流管渗透率与储层平均渗透率之比称为主流管突进系数：

$$c_{kt} = K_{sl} / K_{ar} \qquad (3-115)$$

将式（3-111）至式（3-115）代入式（3-110），整理得到混相驱见气见效后气体窜进至油井所用的时间：

$$t_{Mgsl} = \frac{\phi_{sl}\mu_g L_{sl}K_{ar}^{-0.8}}{c_{kt}^{0.8}\mathrm{grad}p\left(3.5S_g-0.5\right)} \tag{3-116}$$

低渗透油藏主流管突进系数 $c_{kt}$ 通常大于 4.0，且此突进系数随物性变差呈增大趋势，因为特低渗透油层突进系数高达几十者很常见；压力梯度取 0.03MPa/m，连续游离气相黏度取 0.05mPa·s，按式（3-100）计算了自由气相流过 300m 不同物性级别低渗透主流管的时间。当储层平均渗透率为 1.0mD 时，见气见效后连续注气 5.2 个月气体即可窜进油井；当储层平均渗透率为 3.5mD 时，见气见效后连续注气 2.7 个月气体即可到达油井；而一般低渗透油藏，当见气见效后连续注气 2 个月注采井为气路沟通（表 3-4）。

表 3-4　长度为 300m 主流管见气见效后气体窜进用时

| 储层渗透率 /mD | 1 | 3 | 10 | 30 |
|---|---|---|---|---|
| 储层孔隙度 | 0.1 | 0.125 | 0.157 | 0.19 |
| 主流管突进系数 | 15 | 9 | 5 | 3 |
| 气窜用时 / 月 | 7.4 | 4.5 | 2.7 | 1.7 |

显然，表 3-4 中连续注气时间是储层物性的函数：

$$T_{Mgsl} = 86400t_{Mgsl} = 200K_{ar}^{-0.336} \tag{3-117}$$

式中　$T_{Mgsl}$——自由气相给定距离所用的时间，d。

气驱前缘不断向油井推进，主流管内气体窜进用时将持续缩短。交替注入单周期内注气时间 $T_g$ 应将逐步缩小，相当于气段塞须要持续减小，这是必须采取锥形段塞序列的原因。采用正比例关系修正上式，得到混相驱见气见效后的交替注入单周期内气段塞连续注入至气窜所用时间上限：

$$T_{btg}<\frac{2L_{sl}}{300}T_{gsl} = 1.333K_{ar}^{-0.336}L_{sl} \tag{3-118}$$

式（3-118）便是 WAG 注入单周期内的气段塞连续注入时间上限计算式。单交替注入周期内三个时间的关系如图 3-5 所示。

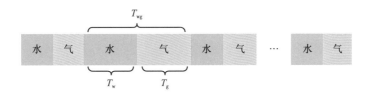

图 3-5　单交替注入周期内三个时间的关系

### 4. 满足水气段塞比约束连续注气时间

由于日注气量和日注水量有别，水和气的地下密度亦不同，水段塞和气段塞注入时间之比并不等同于水气段塞体积之比。在特定水气段塞比下的注气注水时间存在如下关系：

$$r_{wgs} = \frac{\rho_g q_{inw} T_w}{\rho_w q_{ing} T_g} \tag{3-119}$$

式中　$\rho_g$——注入气地下密度，$t/m^3$；

　　　$\rho_w$——水相地下密度，$t/m^3$；

　　　$q_{inw}$——每天注入油层的水的质量，t；

　　　$q_{ing}$——每天注入油层的气的质量，t；

　　　$T_w$——单交替注入单周期内水段塞连续注入时间，d；

　　　$T_g$——单交替注入单周期内气段塞连续注入时间，d。

式（3-119）又等价于：

$$T_g = \frac{1}{r_{wgs}} \frac{\rho_g q_{inw} T_w}{\rho_w q_{ing}} \tag{3-120}$$

式（3-120）是水气段塞比约束下的交替注入单周期内气段塞连续注入时间。

### 5. 水气段塞比合理区间

将满足扩大注入气波及体积的水气段塞比作为下限，并将满足提高驱油效率的水气段塞比作为上限可得到低渗透油藏 WAG 注入阶段水气段塞比的合理区间。据此，联立式（3-96）、式（3-97）、式（3-111）、式（3-113）和式（3-115），可以得到确定低渗透油藏合理水气段塞比与合理水气段塞比约束下的单个 WAG 周期内水、气段塞连续注入时间的数学模型：

$$\begin{cases} \dfrac{E_{Vw}}{E_{Vg}} \leqslant r_{wgs} \leqslant \dfrac{r_{ipws}}{r_{ipgs}} \dfrac{1}{\left( r_{ipws} - 1 \right)} \\[3mm] T_w \leqslant \dfrac{3.65}{R_{Vgs}} \dfrac{\Delta p_{wsd}}{\Delta p_{wdd}} \\[3mm] T_{btg} < \dfrac{2L_{sl}}{300} \dfrac{\phi_{sl} \mu_g L_{sl} K_a^{-0.8}}{c_{kt}^{0.8} \left( 3.5 S_g - 0.5 \right) \mathrm{grad} p} \\[3mm] T_g = \dfrac{1}{r_{wgs}} \dfrac{\rho_g q_{inw} T_w}{\rho_w q_{ing}} \end{cases} \qquad （3-121）$$

式中　$T_{btg}$——见气后气段塞连续注入至气窜所用时间上限，d；

　　　$r_{ipws}$——水段塞注入期间的水驱注采比；

　　　$r_{ipgs}$——气段塞注入期间的气驱注采比。

　　显然，式（3-121）的第一个公式的左端项即水气段塞比下限不低于 1.0。在水气交替注入早期，根据 Habermann 等学者的研究结果可估计出混相驱条件下水和气的波及系数之比约为 1.25；经过若干周期的交替注入，后续气、水段塞会与前面若干轮次注入的水气段塞出现一定程度的掺混，气段塞和水段塞波及系数之比将会是一个比较接近于 1.0 的数值。由于实际气驱实践中要经历多轮次（几十到上百次）注入，故可将水气段塞比下限稍微弱化取为 1.0。为确保混相，可提出一个较为严格的限制：在 WAG 单周期内水段塞连续注入期间容许的地层压力降不超过 0.5MPa；对于适合注气低渗透油藏，将 $\Delta p_{wd}$ 取为 1.5MPa。若水气交替太过频繁，容易加速腐蚀，除了给注入系统造成负担，也会增加现场人员管理工作量和生产成本。根据以上论述，将相关数据代入式（3-121），可得到确定低渗透油藏合理水气段塞比和的单个 WAG 周期内水、气段塞连续注入时间的简化模型：

$$\begin{cases} 1.0 \leqslant r_{wgs} \leqslant \dfrac{r_{ipws}}{r_{ipgs}} \dfrac{1}{\left( r_{ipws} - 1 \right)} \\[3mm] T_{btg} < 1.333 K_a^{-0.336} L_{sl} \\[3mm] T_w \leqslant 1.2167 / R_{vgs} \\[3mm] T_g = \dfrac{1}{r_{wgs}} \dfrac{\rho_g q_{inw} T_w}{\rho_w q_{ing}} \end{cases} \qquad （3-122）$$

### 五、气驱低渗透油藏见气见效时间预报方法

自 20 世纪 60 年代至今，国内取得明显增油效果的气驱项目已逾 30 个；对各类砂岩油藏注气动态已有较多认识，找到普遍化定量气驱规律是油藏工程研究的主要任务之一。气驱开发经验与理论分析都表明，生产气油比开始快速增加的时间，综合含水率开始下降的时间，见效高峰期产量出现的时间与提高采收率形成的混相"油墙"前缘到达生产井的时间具有同一性，本文统一称之为气驱油藏见气见效时间。郭平指出目前还没有好的办法确定混相带长度，进而预测气驱动态。难以准确完整定量描述复杂相变、微观气驱油过程，难以准确度量三相及以上渗流，以及地质模型难以真实反映储层等原因导致多组分气驱数值模拟预测结果经常不可靠。（西南石油大学）郭平指出目前还没有好的办法确定混相带长度，进而预测气驱动态。因此，提出实用有效气驱油藏工程方法很有必要。在真实注气过程中，渗流与相变同时发生，而从结果看，驱替与相变又可分开考虑。著者 2014年提出将该复杂过程简化为不考虑相变的完全非混相驱替、只考虑一次萃取的相变以及油藏流体的一次溶解膨胀三个步骤的简单叠加，即用"三步近似法"来简化真实气驱过程，以便于进行油藏工程研究。基于"三步近似法"和气驱增产倍数概念，研究了注入气的游离态、溶解态和成矿固化态三种赋存状态分别占据的烃类孔隙体积，以及气驱"油墙"或混相带规模，最终得到了描述气驱开发低渗透油藏见气见效时间普适算法。

#### 1. 完全非混相驱替体积计算方法

（1）流管上完全非混相油气流动方程。

将油藏波及区域划分为一系列流管，沿流管的流动属于一维问题。为方便研究，提出以"特征流管"代表波及区所有流管的平均属性。在完全非混相驱步骤中，不考虑萃取等相行为。渗流力学中油相的一维连续性方程为：

$$\frac{\partial(\rho_o v_o)}{\partial x} + \frac{\partial(\phi \rho_o S_o)}{\partial t} = 0 \qquad （3-123）$$

式中 $\rho_o$ ——油相密度，$kg/m^3$；

$\phi$——孔隙度；

$v_o$——油相流速，m/s；

$S_o$——含油饱和度；

$x$——运动距离，m；

$t$——时间，s。

引入油气混合物质量流速：

$$m_{og} = \rho_g v_g + \rho_o v_o \tag{3-124}$$

式中　$\rho_g$——气相密度，kg/m³；

$v_g$——气相流速，m/s。

油相和气相的质量流量分率定义为：

$$f_{om} = \rho_o v_o / m_{og} \tag{3-125}$$

式中　$m_{og}$——油气混合物质量流速，kg/（m²·s）；

$f_{om}$——油相质量流量分率。

联立式（3-123）至式（3-125），忽略孔隙度变化后：

$$\frac{\partial(f_{om} m_{og})}{\partial x} + \phi \frac{d\rho_o}{dp} \frac{\partial p}{\partial t} S_o + \phi \rho_o \frac{\partial S_o}{\partial t} = 0 \tag{3-126}$$

完全非混相驱的油密度为压力指数函数：

$$\rho_o = \rho_{oi} e^{C_o(p - p_i)} \tag{3-127}$$

式中　$p$——地层压力，MPa；

$\rho_{oi}$——油相原始密度，kg/m³；

$p_i$——原始地层压力，MPa；

$C_o$——油相压缩系数，MPa⁻¹。

一般地，低渗透油藏注气后地层压力恢复很快，须尽可能使地层压力接近最小混相压力，提高混相程度。将压力随时间变化记为：

$$\frac{\partial p}{\partial t} = k_p(x, t) \tag{3-128}$$

式中 $k_p$——压力对时间的偏导数，MPa/s。

将式（3-127）、式（3-128）代入式（3-126）中得到：

$$m_{og}\frac{\mathrm{d}f_{om}}{\mathrm{d}S_o}\frac{\partial S_o}{\partial x}+\phi\rho_o\frac{\partial S_o}{\partial t}=-\phi C_o S_o k_p - f_{om}\frac{\partial m_{og}}{\partial x}\qquad(3\text{-}129)$$

一阶拟线性偏微分方程的特征线方程及特征线上相容关系为：

$$\frac{\phi\rho_o}{\mathrm{d}t}=\frac{m_{og}\mathrm{d}f_{om}/\mathrm{d}S_o}{\mathrm{d}x}=\frac{-\phi C_o S_o k_p - f_{om}\partial m_{og}/\partial x}{\mathrm{d}S_o}\qquad(3\text{-}130)$$

取式（3-130）中描述饱和度变化的两项并整理得：

$$\frac{\mathrm{d}x}{\mathrm{d}t}=\frac{m_{og}}{\phi\rho_o}\frac{\mathrm{d}f_{om}}{\mathrm{d}S_o}\qquad(3\text{-}131)$$

只考虑油气两相流动时，存在饱和度关系：

$$S_o = 1 - S_g - S_{wc}\qquad(3\text{-}132)$$

式中 $S_g$——含气饱和度；

$S_{wc}$——束缚水饱和度。

油气两相的质量流量分率之间有关系：

$$f_{om} = 1 - f_{gm}\qquad(3\text{-}133)$$

式中 $f_{gm}$——气相的质量流量分率。

将式（3-132）、式（3-133）代入式（3-131）中可得：

$$\frac{\mathrm{d}x}{\mathrm{d}t}=\frac{m_{og}}{\phi\rho_o}\frac{\mathrm{d}f_{gm}}{\mathrm{d}S_g}\qquad(3\text{-}134)$$

积分式（3-134）得到：

$$x(t,S_g)-x(0,S_g)=\frac{1}{\phi\rho_o}f_{gm}{}'(S_g)\int_0^t m_{og}\mathrm{d}t\qquad(3\text{-}135)$$

式（3-135）即为流线上的油气流动 B-L 方程，描述了定饱和度锋面的位置。

设气驱前缘与注气井的距离为 $x_F(t)$，则：

$$x_F(t)=x(0,S_g)+\frac{f_{gm}{}'(S_{gF})}{\phi\rho_{oF}}\int_0^t m_{og}\mathrm{d}t\qquad(3\text{-}136)$$

式中  $x_F$——气驱前缘与注气井的距离，m；

$\rho_{oF}$——前缘油相密度，$kg/m^3$；

$S_{gF}$——前缘气相饱和度。

将坐标轴原点置于注入井处，则：

$$x\left(0, S_g\right) = 0 \tag{3-137}$$

联立式（3-135）至式（3-137）得到：

$$x\left(t, S_g\right) = x_F\left(t\right) \frac{\rho_{gF}}{\rho_g} \frac{f_{gm}{}'\left(S_g\right)}{f_{gm}{}'\left(S_{gF}\right)} \tag{3-138}$$

在已知气驱前缘位置 $x_F$（t）时，据式（3-138）即可计算流线上任意位置的含气饱和度。其中，气相质量流量分率表达式为：

$$f_{gm} = \frac{K_{rg}}{\dfrac{\rho_o}{\rho_g} \dfrac{\mu_g}{\mu_o} K_{ro} + K_{rg}} \tag{3-139}$$

式中  $K_{ro}$，$K_{rg}$——油气的相对渗透率；

$\mu_o$，$\mu_g$——油、气黏度，$mPa \cdot s$；

$\rho_o$，$\rho_g$——油、气密度，$kg/m^3$。

当油气相对渗透率曲线、密度和黏度已知时，代入式（3-139）即可求出气相质量流量分率，进而获得其导数。

油藏条件下，注入气不断蒸发萃取原油组分使自身被富化，驱替前缘气相黏度将数倍于纯气体黏度，还须将地层水作束缚水考虑，这是应用上述完全非混相驱方程时应注意的两个问题。由此可以预见，完全非混相气驱油效果取决于油相黏度、地层压力、转驱时含油饱和度和相对渗透情况。结合低渗透油藏典型相对渗透率曲线，利用式（3-138）和式（3-139）可得到完全非混相气驱油步骤形成的平均含气饱和度为：

$$\Delta S_{gdo} = \frac{0.3 p_R}{p_{MM}} \mu_o{}^{-0.25} S_o \tag{3-140}$$

式中　$p_R$——从注气到见气的阶段平均地层压力，MPa；

　　　　$p_{MM}$——最小混相压力，MPa；

　　　　$S_o$——转驱时的平均剩余油饱和度。

（2）气排开地层水的体积计算。

对气驱水过程做如下考虑：水相的微可压缩性和见气前地层压力不降低两个因素，将使得被气排开的地层水空间仅为注入气所占据，并且油藏产出水地下体积接近这部分被气驱离原地的地层水体积。由此可用采出水地下体积近似代替注入气排开的水相体积。将"特征流管"从注气到见气的阶段采出程度记为 $\Delta R_{esl}$（数值等于全油藏阶段采出程度 $\Delta R_e$ 与波及系数之比），则被注入气排开的水相地下体积为：

$$\Delta S_{gdw} = \frac{B_w}{B_o} \frac{\rho_{os}}{\rho_w} \frac{\Delta R_{esl}}{1 - R_e} \frac{f_w}{1 - f_w} S_o \qquad （3-141）$$

式中　$f_w$——阶段综合含水率；

　　　　$B_w$——地层水体积系数；

　　　　$B_o$——地层油体积系数。

**2. 一次萃取原油体积计算方法**

计算萃取体积目的之一是得到该步骤原油体积收缩量。根据 $CO_2$、烃类气等介质驱油实验和相态分析成果可知，在油气多次接触过程中，通过蒸发—凝析机制，原油较轻组分（主要是 $C_2 \sim C_{20}$）易被萃取，但不同介质萃取抽提能力不同。

在"三步近似法"模型中，萃取抽提只针对完全非混相驱替后的剩余油进行。记这部分地层油的物质的量为 $n_o$，被萃取较轻组分物质的量为 $\varepsilon$，完全非混相驱后地层压力 $p$，油藏温度 $T$，地层原油压缩因子 $z_o$，则完全非混相驱后剩余油地下体积 $V_o$ 可由状态方程计算：

$$pV_o = n_o z_o RT \qquad （3-142）$$

记被萃取物压缩因子为 $z_{oe}$，则被萃取物的体积 $V_{oe}$ 亦可由状态方程得到：

$$pV_{oe} = \varepsilon z_{oe}RT \qquad (3-143)$$

假设被萃取组分与剩余组分在地下为简单堆积，即原油体积是二者体积之和，则被萃取组分占据的烃类孔隙体积为：

$$\Delta S_{oge} = \frac{V_{oe}}{V_o}\left(S_o - \Delta S_{gdo}\right) \qquad (3-144)$$

地层原油压缩因子与密度 $\rho_o$ 之间关系：

$$\rho_o = \frac{pM_{Wo}}{z_o RT} \qquad (3-145)$$

被萃取物压缩因子 $z_{oe}$ 与密度 $\rho_{oe}$ 之间有关系：

$$\rho_{oe} = \frac{pM_{Woe}}{z_{oe}RT} \qquad (3-146)$$

联立式（3-142）至式（3-146）得到：

$$\Delta S_{oge} = \frac{\varepsilon}{n_o}\frac{M_{Woe}\rho_o}{M_{Wo}\rho_{oe}}\left(S_o - \Delta S_{gdo}\right) \qquad (3-147)$$

其中，地层原油分子量 $M_{Wo}$ 和被萃取物分子量 $M_{Woe}$ 可通过分析化验得到。

### 3. 一次溶解体积计算方法

注入气溶解于油藏流体引起的相分布的体积变化包括地层油和地层水体积膨胀，以及溶解态注入气等效占据的地下体积两部分。

将溶解注入气后地层油和水的体积系数增量分别记为 $\Delta B_{od}$、$\Delta B_{wd}$，忽略注入气体沿流管的扩散作用，仅关心注入气与完全非混相驱后剩余油和水的接触并溶解其中引起的体积膨胀。则溶解引起的流体膨胀为地层油和水体积膨胀之和：

$$\Delta S_{le} = \Delta B_{wd}\left(S_o - \Delta S_{gdo}\right) + \Delta B_{wd}\left(1 - S_o - \Delta S_{gdw}\right) \qquad (3-148)$$

记注入气在地层油和地层水中的溶解度分别为 $R_{Do}$、$R_{Dw}$，则溶解态注入气质量：

$$m_{dg} = \rho_{gsc}\left[R_{Do}\left(S_o - \Delta S_{gdo}\right) + R_{Dw}V_p\left(1 - S_o - \Delta S_{gdw}\right)\right] \qquad (3-149)$$

与溶解态注入气等效的孔隙体积为：

$$\Delta S_{dg} = \frac{m_{dg}}{\rho_g V_p} \qquad (3\text{-}150)$$

联立式（3-149）、式（3-150）即可得到：

$$\Delta S_{dg} = \left[ R_{Do} \left( S_o - \Delta S_{gdo} \right) + R_{Dw} \left( 1 - S_o - \Delta S_{gdw} \right) \right] \frac{\rho_{gsc}}{\rho_g} \qquad (3\text{-}151)$$

式中 $\rho_g$，$\rho_{gsc}$——注入气的地下和地面密度，$kg/m^3$。

**4. 成矿固化气体积计算方法**

注入气会与地层岩石发生化学反应而成矿固化。通过室内实验可测定反应速度，实验发现成矿固化速度与气体性质、岩石类型、油藏流体组成及温度压力环境有密切联系。相关酸岩物理化学反应会对岩石孔隙结构起改造作用，但本文忽略该效应，与累计固化注入气等效的孔隙体积为：

$$\Delta S_{gs} = \frac{1}{V_p \rho_g} \int_0^{T_0} v_{gr} q_{in} dt \qquad (3\text{-}152)$$

式中 $v_{gr}$——成矿固化速度，$kg/PV$；

$q_{in}$——注气速度，$PV/d$；

$t$——时间，$d$；

$T_0$——从注气到见气所用时间，$d$；

$V_p$——"特征流管"孔隙体积，$m^3$。

**5. 气驱"油墙"厚度计算方法**

地层压力足够高时，气驱油效率将高于水驱油效率，注入气能够萃取原油中较轻组分筑起一定厚度的"油墙"，使得气驱含油饱和度分布明显区别于水驱情形（图 3-6），这也是混相驱开发方式地下流场与非混相驱和水驱的重大不同。"油墙"（APB 段）这种突变的存在造成了难以用解析法求出完整的气驱图景，但借助于式（3-138）可求得从注入井到"油墙"后缘区域（BC 段）含气饱和度分布情况。

在"三步近似法"模型中，驱替、抽提和溶解仅存在于注入井到"油墙"后缘之间的区域。故欲获得见气见效时累计注气量，须获得"油墙"宽度，即"油墙"后缘到前缘距离（图 3-6）。

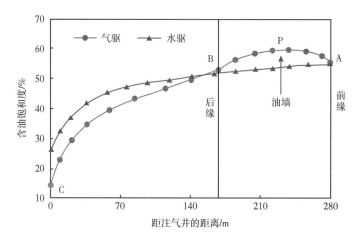

图 3-6　水驱与气驱含油饱和度分布示意图

"油墙"含油饱和度高于水驱情形是气驱见效阶段含水率"凹子"的成因。根据低渗透油藏气驱增产倍数，给出了定液生产条件下含水率"凹子"的深度，即气驱含水率下降幅度：

$$\Delta f_{w} = \left( F_{gw} - 1 \right)\left( 1 - f_{wmax} \right) \qquad （3-153）$$

气驱见效阶段的油藏综合含水率则为：

$$f_{w} = f_{wmax} - \Delta f_{w} \qquad （3-154）$$

在此，将"油墙"高度定义为"油墙"含油饱和度 $S_{ob}$ 与开始注气时含油饱和度 $S_{o}$ 之差。由于见气见效时"油墙"区域不存在自由气，故从油水两相相对渗透率曲线上可查询到综合含水率 $f_{w}$ 对应的含油饱和度 $S_{ob}$，即"油墙"区域平均含油饱和度。

如前所述，从注气井到"油墙"后缘之间完全非混相驱剩余油中的被萃取烃类前积成"油墙"。见气时，"油墙"前缘恰好运移至生产井。从注入井到"油墙"后缘的距离等于注采井距 $L$ 减去"油墙"宽度 $W_{ob}$。记被萃取物密度为 $\rho_{oe}$，"油墙"密度 $\rho_{ob}$，对被萃取物应用质量守恒原理得：

$$\Delta S_{oge} \left( L - W_{ob} \right) \rho_{oe} = W_{ob} \left( S_{ob} - S_{o} \right) \rho_{ob} \qquad （3-155）$$

求解式（3-155）可得到混相驱"油墙"宽度为：

$$W_{ob} = \frac{\Delta S_{oge} L}{\Delta S_{oge} + (S_{ob} - S_o) \rho_{ob} / \rho_{oe}}$$　　　　（3-156）

#### 6. 气驱油藏见气见效时间预报模型

根据"三步近似法"，注入气占据的地下空间等于完全非混相驱替产生的油水体积变化（驱替体积）与萃取抽提造成的原油体积收缩（萃取体积）和注入气溶解于油藏流体中的体积（溶解体积）以及与岩石反应成矿固化的体积（固化体积）之和，再扣除地层流体因溶解注入气发生的体积膨胀（膨胀体积），且"三步近似法"仅适用于注入井到"油墙"后缘之间区域。根据诸符号的含义可得"特征流管"见气见效时累计存气量：

$$S_{gsl} = (\Delta S_{gdo} + \Delta S_{oge} - \Delta S_{le} + \Delta S_{dg})\left(1 - \frac{W_{ob}}{L}\right) + \Delta S_{gdw} + \Delta S_{gs}$$　　　（3-157）

欲将式（3-157）推广至三维油藏，须乘以气驱体积波及系数，王高峰等[3]论述了多轮次水气交替注入等十个因素使得低渗透油藏气驱波及体积与水驱情形接近。考虑到见气前水气交替不充分而引入系数 $\beta$ 以提高模型适应性。根据波及系数等于采收率与驱油效率之积得到：

$$S_g = \beta \frac{E_{Rw}}{E_{Dwi}} S_{gsl}$$　　　　（3-158）

联立式（3-138）、式（3-139）、式（3-147）、式（3-148）、式（3-151）、式（3-152）、式（3-156）、式（3-157）和式（3-158），可得低渗透油藏整体见气见效时的累计存气量为：

$$S_g = \beta \frac{E_{Rw}}{E_{Dwi}} \left\{ \begin{array}{l} \Delta S_{gdo} + \dfrac{\varepsilon}{n_o} \dfrac{M_{Woe}\rho_o}{M_{Wo}\rho_{oe}}(S_o - S_{gdo}) \\ -\left[ \Delta B_{od}(S_o - \Delta S_{gdo}) + \Delta B_{wd}(S_w - \Delta S_{gdw}) \right] \\ +\left[ R_{Do}(S_o - \Delta S_{gdo}) + R_{Dw}(S_w - \Delta S_{gdw}) \right]\dfrac{\rho_{gsc}}{\rho_g} \end{array} \right\} \left(1 - \frac{W_{ob}}{L}\right) +$$

$$\frac{1}{V_p \rho_g} \int_0^T v_{gr} q_{ig} dt + \frac{B_w}{B_o} \frac{\rho_{os}}{\rho_w} \frac{\Delta R_e}{1 - R_e} \frac{f_w}{1 - f_w} S_o$$　　　（3-159）

### 7. 二氧化碳驱低渗透油藏见气见效时间计算简化公式

世界范围内 90% 的注气项目为 $CO_2$ 驱项目。因此，给出 $CO_2$ 驱油藏见气时间预测简化公式很有意义。一般地，地层水体积系数可取值 1.0，地层水体积系数增量 $\Delta B_{wd}$ 可忽略；被萃取物密度和地层油密度和"油墙"油密度可认为相等；对于适合注气的黑油油藏，本文推荐 $CO_2$ 驱被萃取物与地层油分子量之比为 0.4；被萃取组分物质的量在地层油中占比 $\varepsilon / N_o$ 取值 $0.375 p_R / p_{MM}$；适合 $CO_2$ 驱的地面原油比重通常在 0.79~0.91 之间，此处取 0.86；地层油体积系数通常在 1.1~1.2 之间，此处取 1.15；根据低渗透油藏气驱增产倍数概念估计低渗透油层气驱"油墙"高度约为 $0.1S_o$；对于砂岩油藏可忽略成矿固化速度；注入气在地层水中溶解度取值 $25m^3/m^3$，注入 $CO_2$ 气在地层油中溶解度常为 $60\sim160m^3/m^3$；$CO_2$ 地面密度近似取 $2kg/m^3$；溶解注入气引起的地层油体积系数增量 $\Delta B_{od}$ 取 0.2；由于气在水中溶解度与气体密度之比很小，且排开水体积 $\Delta S_{gdw}$ 与地层水储量相比亦很小，一般忽略，系数 $\beta$ 取为 $0.8 p_R / p_{MM}$。

将上述参数取值代入式（3-159）即可得到用于计算 $CO_2$ 驱低渗透油藏整体见气见效时基于转驱时剩余储量的累计注入烃类孔隙体积（HCPV）的简化公式：

$$\begin{cases} \dfrac{S_g}{S_o} = \dfrac{0.8 p_R}{p_{MM}} \dfrac{E_{Rw}}{E_{Dwi}} \dfrac{\dfrac{\Delta S_{gdo}}{S_o} + \left[ \left( 0.15 \dfrac{p_R}{p_{MM}} - 0.2 + \dfrac{2R_{Do}}{\rho_g} \right) \left( 1 - \dfrac{\Delta S_{gdo}}{S_o} \right) \right]}{\dfrac{50}{\rho_g} \dfrac{1-S_o}{S_o}} \left[ \left( 1 - \dfrac{W_{ob}}{L} \right) + \dfrac{0.75 \Delta R_e}{1-R_e} \dfrac{f_w}{1-f_w} \right] \\[3em] \dfrac{\Delta S_{gdo}}{S_o} = \dfrac{0.3 p_R}{p_{MM}} \mu_o^{-0.25} \\[2em] \dfrac{W_{ob}}{L} = 1 \left/ \left[ 1 + \dfrac{2 p_{MM} S_o}{3 p_R \left( S_o - S_{gdo} \right)} \right] \right. \end{cases}$$

（3-160）

利用本文方法对吉林、大庆、胜利、冀东、青海和中原等油田以及加拿大 Weyburn 油田等十个 $CO_2$ 驱或天然气驱项目见气见效时间进行了计算。应用公式时，要求混相程度（近似等于比值 $p_R$ /$p_{RMM}$ 不超过 1.0），与实际生产数据对比得到平均相对误差为 8.3%（表 3-5），表明本文见气见效时间预报方法具有很好的可靠性和普适性。统计表 3-5 中低渗透油藏 $CO_2$ 驱项目可知，$CO_2$ 地下密度平均值 544kg/m³，见气见效时间（以累计注入量平均值表示）0.078HCPV（基于转驱时的剩余地质储量），所用时间为一年左右，且非混相驱往往意味着较早见气。理论和实践都表明，气窜会导致低渗透油藏产量快速下掉，这意味着须在注气一年内完成扩大气驱波及体积技术配套。目前用于抑制气窜、强化混相、扩大波及体积明显改善气驱开发效果最为经济有效的技术对策是"HWAG-PP"，即注入井上实施混合水气交替注入联合周期生产的做法。

表 3-5　十个注气项目的见气见效时间对比

| 试验区块 | 水驱采收率 /% | 水驱油效率 /% | 地层压力 / MPa | 混相压力 / MPa | 气密度 / kg/m³ | 见气见效时间（HCPV） | |
|---|---|---|---|---|---|---|---|
| | | | | | | 理论值 | 实际值 |
| 黑 79 北加密区 | 25 | 55 | 22.0 | 23.0 | 580 | 0.115 | 0.103 |
| 黑 59 北 | 20.3 | 55 | 25.0 | 22.3 | 600 | 0.083 | 0.076 |
| 黑 79 南南 | 28 | 57 | 20.0 | 22.4 | 550 | 0.111 | 0.122 |
| 高 89 | 15 | 56 | 20.0 | 29.0 | 380 | 0.042 | 0.039 |
| 柳北 | 22 | 55.5 | 27.0 | 29.5 | 600 | 0.069 | 0.061 |
| 树 101 | 12 | 43 | 25.7 | 28.0 | 520 | 0.054 | 0.048 |
| Weyburn | 37 | 62 | 15.0 | 15.0 | 580 | 0.149 | 0.140 |
| 马北（$CH_4$ 驱） | 14 | 58 | 9.8 | 32.0 | 74 | 0.026 | — |
| 海塔贝 14 | 10 | 43 | 17.1 | 16.6 | 540 | 0.043 | 0.039 |
| 濮城 1-1 | 46 | 59 | 18.5 | 18.5 | 520 | 0.216 | 0.209 |
| $CO_2$ 驱低渗透项目平均 | 20.8 | 53.3 | 21.5 | 23.2 | 544 | 0.082 | 0.078 |

### 六、低渗透油藏二氧化碳驱实施时机

注气时机是气驱开发方案设计的一项重要内容。国内外学者较多借助物理模拟和数值模拟（"双模"实验）技术手段探讨探讨注气时机问题，比如李向良、

曹进仁等利用长岩心实验研究过注气时机问题。由于物理模拟是针对某一具体问题仅在岩心尺度上进行研究，所得结论缺乏普遍性；而低渗透油藏多组分气驱数值模拟受制于对油藏的认识程度和地质模型逼近真实储层程度、对注气复杂相变的认识程度、对三相以上渗流机理认识程度和渗流数学模型描述注气过程的可靠程度等，气驱数模结果可靠性堪忧。以开始注气时水驱采出程度表示注气时机，应用气驱增产倍数概念和油藏工程基本原理等研究，从数学上证明了低渗透油藏气驱采收率相关指标与注气时机的明确关系。

**1. 水驱后二氧化碳驱特征**

根据油藏工程基本原理，提出了气驱采收率计算公式；结合气驱增产倍数概念给出了气驱采收率、油藏最终采收率以及气驱提高采收率幅度计算方法，并利用微积分方法研究了三个采收率相关指标随开始注气时水驱采出程度的变化规律；从数学上证明低渗透油藏注气越早，三个采收率相关指标越好；所得结论与物理模拟结果一致，并从微观层面解释了气驱提高采收率幅度随转驱时水驱采出程度增加而下降的原因。最晚注气时机确定方法通过技术经济学评价方法给出。

（1）注水对 $CO_2$ 驱最小混相压力的影响。

以注水开发多年的乾安高含水油藏为例。细管实验确定的无水条件下 $CO_2$ 驱最小混相压力为 20.2MPa。水的存在是否会改变 MMP，须要开展含水条件下的细管实验研究确定。依据实验结果确定水驱 0.3PV 后再进行 $CO_2$ 驱的最小混相压力是 20.05MPa（表 3-6）。含水条件下的 $CO_2/$ 乾安 I 地层油体系 MMP 与无水条件下的 MMP 20.20MPa 十分接近。说明水的存在对 $CO_2/$ 地层油 MMP 影响很小（表 3-7）。

在混相压力 22MPa 下分别进行了无水驱、水驱 0.3PV 和水驱 0.53PV（水突破），三种水驱程度的 $CO_2$ 细管驱替实验，结果见表 3-7，采出程度与水驱程度的关系曲线如图 3-7 所示。3 种水驱程度的 $CO_2$ 混相驱的采出程度基本一致，说明在混相条件下，水驱程度对细管模型 $CO_2$ 驱油效率影响不大。

表 3-6  乾安 I 井区水驱 0.3PV 下地层油最小混相压力实验结果（细管法）

| 实验温度 /℃ | 实验压力 /MPa | 注入 1.20PV 采出程度 /% | | 评价 |
| --- | --- | --- | --- | --- |
| | | $CO_2$ 驱 | 0.3PV 水 +$CO_2$ 驱 | |
| 76.0 | 18.5 | 85.52 | 88.57 | 近混相 |
| 76.0 | 20.0 | 92.90 | 92.65 | 基本混相 |
| 76.0 | 22.0 | 94.75 | 94.36 | 混相 |
| 76.0 | 26.0 | 95.39 | 96.10 | 混相 |
| 最小混相压力 | | 20.20MPa | 20.05MPa | |

表 3-7  乾安 I 井区不同水驱程度时地层油最小混相压力实验结果（细管法）

| 实验温度 /℃ | 实验压力 /MPa | 水驱程度 /PV | 1.20PV 采出程度 /% | 评价 |
| --- | --- | --- | --- | --- |
| 76.0 | 22.0 | 0.00 | 94.75 | 混相 |
| 76.0 | 22.0 | 0.30 | 94.36 | 混相 |
| 76.0 | 22.0 | 0.53 | 94.28 | 混相 |

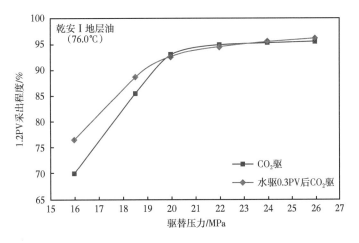

图 3-7  水驱后 $CO_2$ 驱采出程度与驱替压力关系曲线

（2）水驱后 $CO_2$ 驱替的特征。

在混相压力 24MPa 下进行的 0.3PV 后再进行 $CO_2$ 混相驱的细管驱替历史数据见表 3-8，原油采出程度、产出气油比以及产液含水率与注入量的关系曲线见

图 3-8。从驱替过程看，注入水在驱替 0.98PV 时突破，但突破后产水很少；接着是注入 $CO_2$ 在驱替 1.18PV 时突破，突破后马上产出大量气，气油比急剧升高，而直到 1.37PV 时才产出大量的水。虽然水先于 $CO_2$ 注入，但大多数的注入水滞后于 $CO_2$ 产出。

表 3-8　水驱 0.3PV+$CO_2$ 混相驱细管驱替实验数据

| 注入量 /PV | 采出程度 /% | 气油比 /（$m^3/m^3$） | 含水率 /% | 注入流体 | 备注 |
|---|---|---|---|---|---|
| 0.00 | 0.00 | 38.40 | 0.00 | 水驱 | |
| 0.10 | 9.81 | 40.27 | 0.00 | 水驱 | |
| 0.20 | 20.18 | 38.41 | 0.00 | 水驱 | |
| 0.30 | 29.82 | 38.23 | 0.00 | 转 $CO_2$ 驱 | |
| 0.39 | 35.98 | 39.39 | 0.00 | $CO_2$ 驱 | |
| 0.58 | 47.60 | 38.96 | 0.00 | $CO_2$ 驱 | |
| 0.93 | 71.20 | 40.00 | 0.00 | $CO_2$ 驱 | |
| 0.98 | 75.30 | 39.35 | 3.78 | $CO_2$ 驱 | 少量水突破 |
| 1.18 | 91.13 | 68.96 | 3.16 | $CO_2$ 驱 | 气突破 |
| 1.37 | 95.10 | 1170 | 25.35 | $CO_2$ 驱 | 大量水产出 |
| 1.48 | 95.34 | | 0.00 | $CO_2$ 驱 | |

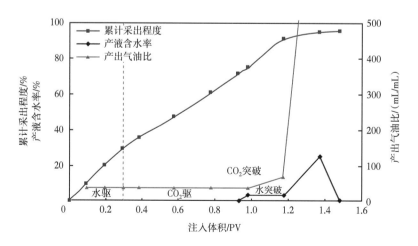

图 3-8　0.3PV 水 +$CO_2$ 混相驱细管实验参数变化曲线

### 2. 气驱采收率相关指标的变化规律

（1）气驱采收率变化规律。

将转驱时油藏视为新油藏。气驱采收率受控于油藏地质条件、剩余地质储量、混相程度以及井网情况等多种因素。考虑到水驱采收率计算公式已包含了地质和井网因素，且多轮次的水气交替注入使气驱波及体积与水驱趋同。将气驱波及体积与水驱波及体积之比称为气驱波及体积修正因子，根据"采收率等于驱油效率和波及系数的乘积"这一基本油藏工程原理，本节提出了气驱采收率计算公式：

$$E_{Rg} = \eta \frac{S_o}{S_{oi}} \frac{E_{Dg}}{E_{Dw}} E_{Rwn} \qquad (3-161)$$

式中　$E_{Rg}$——基于原始地质储量的气驱采收率；

$E_{Rwn}$——基于转驱时剩余地质储量的水驱采收率；

$S_{oi}$，$S_o$——原始与转驱时平均含油饱和度；

$E_{Dg}$，$E_{Dw}$——转驱时气和水的驱油效率（基于原始含油饱和度），%；

$\eta$——气驱波及体积修正因子。

将基于转驱时剩余地质储量的水驱采收率 $E_{Rwn}$ 转化为基于原始地质储量的水驱采收率：

$$E_{Rwn} = (R_{eu} - R_{e0}) \frac{S_{oi}}{S_o} \qquad (3-162)$$

式中　$R_{eu}$——基于原始地质储量的经验水驱采收率；

$R_{e0}$——开始注气时的基于原始地质储量的水驱采出程度。

多轮次水气交替注入情况下，且气驱波及系数和水驱情形相似，即气驱波及体积修正因子 $\eta$ 可取值 1.0，并且气驱残余油饱和度近似为常数。基于此所提出的低渗透油藏气驱增产倍数概念及工程计算方法：

$$F_{gw} = \eta \frac{E_{Dg}}{E_{Dw}} = \frac{R_1 - R_2}{1 - R_2} \qquad (3-163)$$

其中，$R_1 = E_{Dgi}/E_{Dwi}$，$R_2 = R_{e0}/E_{Dwi}$，$E_{Dgi}$，$E_{Dwi}$ 分别为气和水初始（油藏未动用时）驱油效率，单位为 %。

式（3-163）又等价于：

$$F_{gw} = \eta \frac{E_{Dg}}{E_{Dw}} = \frac{E_{Dgi} - R_{e0}}{E_{Dwi} - R_{e0}} \qquad （3-164）$$

将式（3-162）和式（3-164）代入式（3-161）得：

$$E_{Rg} = \frac{E_{Dgi} - R_{e0}}{E_{Dwi} - R_{e0}} (R_{eu} - R_{e0}) \qquad （3-165）$$

式（3-165）表明，气驱采收率与剩余水驱采收率（水驱采收率和水驱采出程度之差）成正比。水驱开发效果越好，水驱采收率越高，气驱采收率也会越高。

式（3-165）对转驱时采出程度的导数为：

$$\begin{cases} \dfrac{dE_{Rg}}{dR_{e0}} = -1 + \chi \\ \chi = \dfrac{(E_{Dgi} - E_{Dwi})(R_{eu} - E_{Dwi})}{(E_{Dwi} - R_{e0})^2} \end{cases} \qquad （3-166）$$

在混相条件下，气驱油效率总高于水驱油效率，即 $E_{Dg} > E_{Dw}$；且水驱采收率不会超过水驱油效率，即 $R_{eu} \leqslant E_{Dw}$。故 $(E_{Dg} - E_{Dw})(R_{eu} - E_{Dw}) \leqslant 0$。因此：

$$\chi = \frac{(E_{Dgi} - E_{Dwi})(R_{eu} - E_{Dwi})}{(E_{Dwi} - R_{e0})^2} \leqslant 0 \qquad （3-167）$$

将 $\chi$ 代入式（3-165）得到：

$$\frac{dE_{Rg}}{dR_{e0}} = -1 + \chi < 0 \qquad （3-168）$$

式（3-168）表明，气驱采收率随着转驱时采出程度的增加是逐渐下降的，即注气越晚，气驱阶段采收率越低。

（2）最终采收率变化规律。

油藏最终采收率为转驱时采出程度与气驱采收率之和：

$$E_R = E_{Rg} + R_{e0} \tag{3-169}$$

将式（3-165）代入式（3-169）得到：

$$E_R = \frac{E_{Dgi} - R_{e0}}{E_{Dwi} - R_{e0}}\left(R_{eu} - R_{e0}\right) + R_{e0} \tag{3-170}$$

式（3-170）对水驱采出程度的导数为：

$$\frac{dE_R}{dR_{e0}} = \frac{\left(E_{Dgi} - E_{Dwi}\right)\left(R_{eu} - E_{Dwi}\right)}{\left(E_{Dwi} - R_{e0}\right)^2} \tag{3-171}$$

将式（3-167）代入式（3-171），直接写出：

$$\frac{dE_R}{dR_{e0}} = \chi < 0 \tag{3-172}$$

式（3-172）表明，油藏最终采收率随着转驱时采出程度增加是逐渐下降的。欲使累计产量最多，须尽早转入气驱开发。

（3）气驱提高采收率幅度变化规律。

气驱提高采收率幅度为油藏最终采收率与单纯水驱采收率之差：

$$\Delta R_g = E_R - R_{eV} \tag{3-173}$$

将式（3-170）代入式（3-173）得到：

$$\Delta R_g = \left(\frac{E_{Dgi} - R_{e0}}{E_{Dwi} - R_{e0}} - 1\right)\left(R_{eV} - R_{e0}\right) \tag{3-174}$$

式（3-174）表明，气驱提高采收率幅度与剩余水驱采收率成正比。水驱开发效果越好，水驱采收率越高，气驱提高采收率幅度也会越高。取上式对转驱时采出程度的导数得到：

$$\frac{d\Delta R_g}{dR_{e0}} = \frac{\left(E_{Dgi} - E_{Dwi}\right)\left(R_{eu} - E_{Dwi}\right)}{\left(E_{Dwi} - R_{e0}\right)^2} \tag{3-175}$$

将式（3-167）代入式（3-175）有：

$$\frac{d\Delta R_g}{dR_{e0}} = \chi < 0 \tag{3-176}$$

因此，气驱提高采收率幅度随着注气时间推后单调递减；注气时间越晚，提高采收率幅度越低。

### 3. 经济合理注气时机

注气实践表明，注气越晚，注气时的单井产量越低，注气经济性越无法保证。当气驱见效高峰期产量低到一定程度时，注气项目接近盈亏平衡，此时的见效高峰期产量即为经济极限产量。将转气驱时的油藏视为新油藏，通过将未收回水驱产能建设投资纳入增量投资的办法，可将气驱项目作为新项目进行经济评价，得到经济极限气驱单井产量计算方法：

$$
\begin{cases}
q_{\text{ogel}} = \dfrac{(\lambda+1)P_{\text{w}}(1+i_0 T_{\text{c}})}{0.0365\alpha_{\text{o}}\psi[1+i(T_{\text{c}}+1)]} \\
P_{\text{oe}} = (1-r_{\text{t}})P_{\text{o}} - P_{\text{s}} - \left[\left(u_{\text{s}} - \dfrac{y_{\text{c}}\text{GOR}}{520}\right)P_{\text{g}} + P_{\text{mw}}\right]
\end{cases}
\tag{3-177}
$$

其中

$$
\psi = \sum_{j=1}^{T_{\text{c}}} P_{\text{oe}} r_{\text{co}} (1+i)^{-j} + \sum_{j=T_{\text{c}}+1}^{T_{\text{c}}+T_{\text{s}}} P_{\text{oe}} (1+i)^{-j} + \sum_{j=T_{\text{c}}+T_{\text{s}}+1}^{n} P_{\text{oe}} e^{-D_{\text{g}}(j-T_{\text{c}}-T_{\text{s}})} (1+i)^{-j}
$$

式中　$P_{\text{oe}}$——净油价，元/t；

$P_{\text{o}}$——油价，元/t；

$P_{\text{s}}$——吨油资源税和特别收益金，元/t；

$P_{\text{g}}$——气价，元/t。

从气驱采收率计算公式入手，推导出低渗透油藏气驱产量变化规律。气驱见效高峰期单井产量计算方法为：

$$
q_{\text{ogs}} = F_{\text{gw}} q_{\text{ow0}}
\tag{3-178}
$$

式中　$q_{\text{ogs}}$——气驱见效高峰期单井产量，t/d；

$q_{\text{ow0}}$——注气前一年内的正常水驱单井产量，t/d。

根据式（3-178），先由水驱开发经验规律得到水驱单井产量分布，再将历年水驱单井产量乘以相应的气驱增产倍数即可得到气驱见效高峰期单井产量分布情况。然后根据式（3-177）计算出不同转驱时间的气驱经济极限单井产量分布情况，并与气驱见效高峰期单井产量进行对比，即可判断满足经济性要求最晚注气时机。

**4. 应用实例**

（1）物理模拟验证。

曹进仁利用草舍油田泰州组岩心（平均渗透率 27.7mD）开展了 $CO_2$ 驱长岩心驱替实验：先注水 0.14HCPV 后转入 $CO_2$ 混相驱的最终采收率为 86.1%；注水 0.60HCPV 后再 $CO_2$ 混相驱的最终采收率是 79.6%。王生奎等利用长岩心驱替实验研究了阿尔及利亚某油藏（渗透率 45.8mD）的混相富气驱注入时机问题，发现早期注入富气 0.5PV 后再水驱至结束的最终采收率要比水驱结束后再注入 0.5PV 富气的采收率高 6.68%。李向良等利用长岩心实验研究了胜利油田樊 124 区块（渗透率 4.7mD）注 $CO_2$ 驱油时机问题，发现注水 0.3PV 后转 $CO_2$ 驱的驱油效率为 71.6%，而水驱结束后转 $CO_2$ 驱的最终驱油效率为 69.4%。张艳玉等研究了某低渗透油藏（渗透率 40mD）天然气驱的注气时机问题：发现水驱采出程度 14.6% 之后再水气交替的驱油效率为 64.5%，而水驱结束后转水气交替驱的最终驱油效率为 62.1%。

上述物理模拟实验表明：注气越晚，最终采收率越低，气驱提高采收率幅度也越低。造成这种结果的微观机理有：含油饱和度降低会造成油气接触机会和接触面积减少；油气之间存在水相时，气体欲接触油相须先穿过水相，附加注入气在水中溶解和扩散过程，进入油相难度增大，机会也相应减少；气相为非润湿相且水气界面张力较高，对气相进入孔隙盲端抽提水锁残余油造成障碍；低渗透油藏采出程度越高，地层压力往往越低，不利于注入气充分萃取地层油中轻组分和气驱油效率的提高。上述原因都会造成气驱提高采收率幅度下降。

（2）采收率指标计算。

应用本文方法计算了国外低渗透 LC 油田实施 $CO_2$ 混相驱的采收率相关

指标。该油田标定水驱采收率 58.0%，混相气驱油效率 91.0%，水驱油效率为 65.0%。不同注气时机的气驱采收率根据式（3-161）计算，最终采收率根据式（3-169）计算，气驱提高采收率幅度由式（3-173）计算。可以看出，LC 油田 $CO_2$ 混相驱提高采收率幅度始终很高（表 3-9），而根据实际生产情况判断采收率能够提高 18%。当然，这么好的注气效果主要是由好的油藏条件（储层和流体）决定的，水驱效果好是气驱效果好的必要条件。LC 油田 $CO_2$ 混相驱采收率指标计算结果如图 3-9 所示。

表 3-9 LC 油田 $CO_2$ 混相驱采收率指标计算结果

| 转驱时采出程度 /% | 0.0 | 9.0 | 18.0 | 27.0 | 36.0 | 45.0 |
|---|---|---|---|---|---|---|
| 气驱采收率 /% | 81.2 | 71.8 | 62.1 | 52.2 | 41.7 | 29.9 |
| 最终采收率 /% | 81.2 | 80.8 | 80.1 | 79.2 | 77.7 | 74.9 |
| 注气 EOR 幅度 /% | 23.2 | 22.8 | 22.1 | 21.2 | 19.7 | 16.9 |

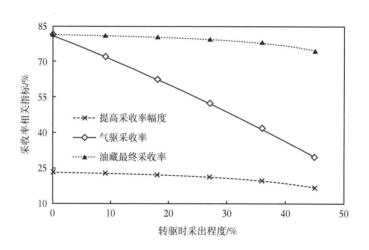

图 3-9 LC 油田 $CO_2$ 混相驱采收率指标计算结果

（3）最晚注气时机计算。

以国内某特低渗透 HFN 油藏为例，介绍确定 $CO_2$ 混相驱的最晚注时机的方法。HFN 油藏标定水驱采收率 18.2%，混相气驱油效率 80.0%，水驱油效率 55.0%。根据前述方法计算得到 HFN 油藏的水驱单井产量分布和气驱见效高峰期单井产量分布情况以及气驱经济极限单井产量情况，如图 3-9 所示。可以看出，

HFN 油藏的气驱济极限单井产量在 2.0~2.2t/d 之间，不同开发时间转气驱所能够达到的单井产量并不总高于相应的气驱济极限单井产量，并且在水驱 7~8 年之后，气驱经济极限单井产量开始高于气驱见效高峰期单井产量。因此，欲使气驱经济可行，最晚应在水驱开发第 7 年开始注气。另外，虽然理论上注气越早越好，但在实际生产中，水驱开发一段时间，待到油井见到注水反应，明确注采对应关系，增加对地下油藏的认识，对预判和应对注气过程中出现的问题是有益的。

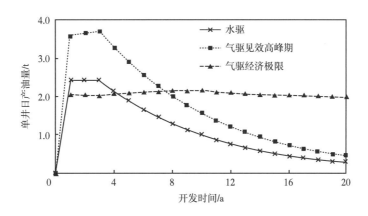

图 3-10　H 油藏 $CO_2$ 混相驱采收率指标计算结果

　　研究结论为，水的存在对 $CO_2$—地层油 MMP 影响很小；水驱后进行 $CO_2$驱，$CO_2$ 能穿越水段塞驱替地层油；混相驱条件下，水驱程度对细管模型 $CO_2$驱油效率影响很小。实施 $CO_2$ 混相驱替，能有效提高注驱油藏采收率。提出了低渗透油藏气驱采收率、油藏最终采收率和气驱提高采收率幅度计算公式。三个采收率相关指标均随转驱时水驱采出程度增加而减少。低渗透油藏注气越早，最终采收率越高，提高采收率幅度也越大。水驱效果好是气驱效果好的必要条件，建议尽早注气。

### 七、新类型二氧化碳驱油经济极限产量确定方法

　　全球实施 $CO_2$ 驱油与埋存项目累计超过 180 项，基本上所有注气油藏都取得了不同程度增油效果，并相继产生了一批气驱油藏筛选推荐的实用标准，如 Geffen、NPC、Carcoana 等提出的标准。这些标准均立足于实现混相驱技术目的。虽有学者

探讨了气驱经济性问题，但研究结果不具有普适性。美国 80% 的 $CO_2$ 驱油藏渗透率低于 50mD，中国自 2000 年以来约 71% 的陆上气驱项目亦针对低渗透油藏。理论分析和注气实践还表明，低渗透油藏注气多组分数值模拟预测结果误差往往超过 50%，造成利用数值模拟详细评价注气可行性的环节失效。

国内注气项目更易出现不经济的问题，有必要完善现有气驱油藏筛选标准。引入一种反映 CCUS-EOR 项目整个评价期经济效益的经济极限气驱单井产量新类型，结合低渗透油藏气驱见效高峰期单井产量预测油藏工程方法，可以得到适合 $CO_2$ 驱的低渗透油藏筛选新方法。

### 1. 二氧化碳驱经济极限单井产量确定方法

本文提出的 $CO_2$ 驱油经济极限单井产量指气驱产能建设、生产经营投入与产出现值相等时的稳产期平均单井日产油水平，可以利用技术经济评价方法得到。该经济极限产量并非人为调整油井工作制度得到的一个开发技术界限，而是整个项目盈亏平衡时对气驱见效高峰期油井生产能力的要求。对于成熟的气驱油藏管理，见气见效后不应该出现大的产量波动，见效高峰期和稳产年限基本是一致的。将 $CO_2$ 驱见效高峰期持续时间视作稳产年限，$CO_2$ 驱见效高峰期产量即为稳产产量。下面给出 $CO_2$ 驱油经济极限单井产量的确定方法。

记 $CO_2$ 驱项目稳产年限为 $T_s$，假设试验区年产油按指数递减，则评价期内销售总收入为：

$$I_{c1} = \sum_{j=1}^{T_s} \left( P_o \alpha_o Q_o r_{co} \right)_j (1+i)^{-j} + \sum_{j=T_c+1}^{T_c+T_s} \left( P_o \alpha_o Q_o \right)_j (1+i)^{-j} + \\ \sum_{j=T_c+T_s+1}^{n} \left[ P_o \alpha_o Q_o e^{-(j-T_c-T_s)D_g} \right]_j (1+i)^{-j}$$

（3-179）

式中　$T_s$——稳产年限，a；

$I_{c1}$——评价期销售总收入，元；

$j$——$CO_2$ 驱项目实施时间，a；

$T_c$——$CO_2$ 驱项目建设期，a；

$P_o$——油价，元/t；

$\alpha_o$——原油商品率；

$Q_o$——稳产期内试验区块的整体年产油量，t；

$r_{co}$——建设期与稳产期的年产油之比；

$i$——折现率；

$n$——项目评价期，a；

$D_g$——气驱产量年递减率。

若 $CO_2$ 驱生产经营吨油成本为 $P_m$，则总成本为：

$$O_{c1} = \sum_{j=1}^{n} \left( P_w \alpha_o Q_o \right)_j \left( 1+i \right)^{-j} \qquad （3-180）$$

式中 $O_{c1}$——生产经营总成本，元；

$P_w$——$CO_2$ 驱吨油成本，元。

若平均单井固定投资 $P_w$（含钻井、$CO_2$ 驱注采工程、地面工程建设与非安装设备投资等），并将偿还期利息纳入经营成本，则固定投资贷款及建设期利息为：

$$O_{c2} = \sum_{j=T_c+1}^{T_c+T} \frac{10000 n_{ow} P_w \left( 1+i_0 \right)^{T_c}}{T} \left( 1+i \right)^{-j} \qquad （3-181）$$

式中 $O_{c2}$——固定投资贷款及建设期利息，元；

$T$——固定投资贷款偿还期，年；

$n_{ow}$——注采井总数，口；

$P_w$——单井固定投资，万元；

$i_0$——固定投资贷款利率。

记固定资产残值率为 $r_f$，则回收固定资产余值为：

$$I_{c2} = r_f n_{ow} P_w \left( 1+i \right)^{-n} \qquad （3-182）$$

式中 $I_{c2}$——回收固定资产余值，元；

$r_f$——固定资产残值率。

流动资金是 1 年或一个营业周期内变现或运用的资产，占比很小且开发前期花费的流动资金要在后期回收，分析时可不计流动资金。原油销售税金包括增值税、城市维护建设税和教育费附加，油气资源税业已改为从价计征。基于油价的综合税率记为 $r_t$，则应缴纳原油销售税金 $O_{c3}$ 为：

$$O_{c3} = r_t I_{c1} i = \sum_{j=1}^{n} \left( r_t P_o \alpha_o Q_o \right)_j \left( 1+i \right)^{-j} \qquad （3-183）$$

此外，上缴的石油特别收益金总额为：

$$O_{c4} = \sum_{j=1}^{n} \left( P_s \alpha_o Q_o \right)_j \left( 1+i \right)^{-j} \qquad （3-184）$$

式中　$O_{c4}$——石油特别收益金总额，元；

$P_s$——吨油资源税和特别收益金，元。

将扣除各种税金、特别收益金和吨油操作成本的油价称为净油价 $P_{oe}$，则：

$$P_{oe} = \left( 1-r_t \right) P_o - P_s - P_m \qquad （3-185）$$

注气项目评价期内总收入为原油销售收入与回收固定资产余值之和；总支出包括生产经营总成本、固定投资及利息、总销售税金、资源税和石油特别收益金。总利润净现值 NPV 等于总收入减去总支出：

$$NPV = \left( I_{c1} + I_{c2} \right) - \left( O_{c1} + O_{c2} + O_{c3} + O_{c4} \right) \qquad （3-186）$$

当油藏注气效果差，产量低至一定水平时，总利润净现值将变为零，此时的产量为经济极限产量，即：

$$NPV\left( Q_{oel} \right) = 0 \qquad （3-187）$$

联立式（3-179）至式（3-187）得经济极限气驱产量：

$$Q_{oel} = \frac{P_w \left[ \dfrac{\left( 1+i_0 \right)^{T_c}}{T} \displaystyle\sum_{j=T_c+1}^{T_c+T} \left( 1+i \right)^{-j} - r_f \left( 1+i \right)^{-n} \right]}{0.0001 \alpha_o \psi / n_{ow}} \qquad （3-188）$$

其中

$$\psi = \sum_{j=1}^{T_c} P_{oe} r_{co} (1+i)^{-j} + \sum_{j=T_c+1}^{T_c+T_s} P_{oe} (1+i)^{-j} + \sum_{j=T_c+T_s+1}^{n} P_{oe} e^{-D_g(j-T_c-T_s)} (1+i)^{-j}$$

若注采井总数和生产井数之间关系为：

$$n_{ow} = n_o (\lambda + 1) \qquad （3-189）$$

式中　$n_o$——油井数，口；

　　　$\lambda$——注采井数比。

经济极限单井日产油量记为 $q_{ogel}$，则：

$$Q_{oel} = 365 n_o q_{ogel} \qquad （3-190）$$

式中　$Q_{oel}$——试验区经济极限年产油，t。

联立式（3-188）和式（3-190）可得 $CO_2$ 驱经济极限单井日产油量计算模型：

$$q_{ogel} = \frac{P_w \left[ \dfrac{(1+i_0)^{T_c}}{T} \sum_{j=T_c+1}^{T_c+T} (1+i)^{-j} - r_f (1+i)^{-n} \right]}{0.0365 \alpha_o \psi / (1+\lambda)} \qquad （3-191）$$

式中　$q_{ogel}$——气驱经济极限单井产量，t/d。

将气源价格从生产经营成本中分离出来并考虑产出气分离与循环注入，以体现气驱特点。若 $CO_2$ 驱换油率为 $u_s$，循环注入 $CO_2$ 在产出气中体积分数为 $y_c$，则吨油成本 $P_m$ 为：

$$P_m = \left( u_s - \frac{y_c GOR}{520} \right) P_g + P_{mw} \qquad （3-192）$$

式中　$u_s$——$CO_2$ 驱换油率，即采出 1t 油所须注入的 $CO_2$ 质量，t/t；

　　　$P_g$——气价，元 /t；

　　　$P_{mw}$——扣除气价的吨油成本，元 /t。

随着油田开发的延续，生产气油比和综合含水率上升，吨油耗气量、耗水量、脱水量、管理工作量均不断增大，导致吨油操作成本增加且构成复杂化，扣除气源价格的吨油操作成本亦递增。

评价期末回收固定资产残值通常不足原值的 3.0%，予以忽略。根据等比数列求和公式及二项式定理可简化式（3-177），并有方程组：

$$\begin{cases} q_{\text{ogel}} = \dfrac{(\lambda+1)P_{\text{w}}(1+i_0 T_{\text{c}})}{0.0365\alpha_{\text{o}}\psi[1+i(T_{\text{c}}+1)]} \\[4mm] P_{\text{oe}} = (1-r_{\text{t}})P_{\text{o}} - P_{\text{s}} - \left[\left(u_{\text{s}} - \dfrac{y_{\text{c}}\text{GOR}}{520}\right)P_{\text{g}} + P_{\text{mw}}\right] \end{cases} \tag{3-193}$$

折现率取值越大，应用式（3-193）算出的经济极限单井产量越高；折现率至少应为行业内部收益率，目前为 12.0%，建议取 14%。还须指出，对于已收回水驱产能建设投资油藏，可采用总量法确定气驱单井投资；未收回投资油藏用增量法确定。

根据国内外注气经验，15 年评价期内换油率取 3.0t/t 的中等偏上水平，建设期按 1 年计，不同开发阶段生产指标具有不同变化趋势，所有注气油藏都可以划分为未动用—弱动用油藏注气类型、水驱到一定程度油藏注气类型和水驱成熟油藏注气类型等 3 种类型。按最新财税政策利用式（3-193）计算了未动用—弱动用油藏、水驱到一定程度油藏和水驱成熟油藏的经济极限单井产量。

（1）未动用—弱动用油藏，其特征是未注水或注水时间短，含水尚未进入规律性快速升高阶段即开始注气，其 $CO_2$ 驱油经济极限单井产量简化算法为（相对误差绝对值 4.7%）：

$$q_{\text{ogel}} = \frac{P_{\text{w}}}{4000}\left[23D_{\text{g}} + 17\text{e}^z + 0.3x^2 + 1.6x + (6\lambda - 1.3)\text{e}^h\right] \tag{3-194}$$

其中　$x=(0.01P_{\text{mw}}+0.028P_{\text{g}}-0.0036P_{\text{o}})(1+D_{\text{g}})$，$h=0.0015P_{\text{mw}}$，$z=0.418-0.0001P_{\text{o}}$。

（2）水驱到一定程度油藏，特征是注水数年，含水已步入规律性快速升高阶段开始注气，其 $CO_2$ 驱油经济极限单井产量简化算法为（相对误差绝对值 4.4%）：

$$q_{\text{ogel}} = \frac{P_{\text{w}}}{3600}\left[37D_{\text{g}} + 15\text{e}^z + 0.3x^2 + 1.6x + (6\lambda - 1.3)\text{e}^h\right] \tag{3-195}$$

其中　$x=(0.01P_{\text{mw}}+0.028P_{\text{g}}-0.0036P_{\text{o}})(1+D_{\text{g}})$，$h=0.0015P_{\text{mw}}$，$z=0.418-0.0001P_{\text{o}}$。

（3）水驱成熟油藏，特征是注水开发多年，含水规律性升高阶段结束后开始注气，其 $CO_2$ 驱油经济极限单井产量简化算法为（相对误差绝对值 4.8%）：

$$q_{ogel} = \frac{P_w}{3200}\left[50D_g + 13e^z + 0.3x^2 + 1.6x + (6\lambda - 1.3)e^h\right] \quad (3-196)$$

其中    $x=(0.01P_{mw}+0.028P_g-0.0036P_o)(1+D_g)$，$h=0.0015P_{mw}$，$z=0.418-0.0001P_o$。

式（3-194）至式（3-196）中 3300 元 /t ＜ $P_o$ ＜ 4800 元 /t（相当于油价在 70~110 美元 /bbl 之间，更低的油价难以保证国内大多数低渗透油藏 $CO_2$ 驱油效益开发）、0.05 ＜ $D_g$ ＜ 0.30、1100 元 /t ＜ $P_{mw}+2.8P_g$ ＜ 2300 元 /t 范围内均适用。由于评价期内扣除气价的吨油成本一般要高于 500 元 /t，国内 $CO_2$ 价格通常超过 200 元 /t，则 $CO_2$ 驱油吨油成本将超过 1100 元 /t；经计算，吨油成本高于 2300 元 /t 时，3 类油藏经济极限单井日产油量须达 6t 才有经济效益，如此高的 $CO_2$ 驱油单井产量在国内低渗透油藏很难遇到，故将 $CO_2$ 驱油吨油操作成本上限设为 2300 元 /t。

**2. 气驱见效高峰期产量预测**

本章第一节根据采收率等于波及系数和驱油效率之积这一油藏工程基本原理建立了气驱采收率计算公式，并利用采出程度、采油速度和递减率的相互关系，通过引入气驱增产倍数概念得到了低渗透油藏气驱产量预测普适方法。低渗透油藏气驱增产倍数被定义为见效后某时间的气驱产量与"同期的"水驱产量水平之比（即虚拟该油藏不注气，而是持续注水开发）。在气驱增产倍数的严格计算式（3-33）中，权值 $\omega$ 反映了剩余油分布的均匀性，剩余油分布越均匀，$\omega$ 越大；对于采出程度很低的油藏和高采出程度的成熟油藏，剩余油分布总体上是均匀的，推荐 $\omega=1.0$。由此得到，低渗透油藏气驱增产倍数工程计算方法如下：

$$\begin{cases} F_{gw} = \dfrac{Q_{og}}{Q_{ow}} = \dfrac{R_1 - R_2}{1 - R_2} \\ R_1 = E_{Dgi}/E_{Dwi} \\ R_2 = R_{e0}/E_{Dwi} \end{cases} \quad (3-197)$$

式中    $F_{gw}$——低渗透油藏气驱增产倍数；

$Q_{og}$——某时间气驱产量水平，$m^3/d$；

$Q_{ow}$——同期的水驱产量水平，$m^3/d$；

$R_1$——气水初始驱油效率之比；

$R_2$——转气驱时广义可采储量采出程度；

$E_{Dgi}$——气的初始（油藏未动用时）驱油效率；

$E_{Dwi}$——水的初始驱油效率；

$R_{e0}$——转驱时采出程度。

根据气驱增产倍数定义，欲知气驱见效高峰期或稳产期产量，须知该时期的水驱产量。注气之前水驱产量是已知的，若已知水驱递减规律即可计算出相应于气驱见效高峰期的水驱产量。中国低渗透油藏水驱开发已近 30 年，积累了丰富经验，可借鉴同类型油藏水驱递减规律（指数递减）。假设注气之前 1 年内的水驱单井产量水平为 $q_{ow0}$，水驱产量年递减率 $D_w$，从开始注气到见效时间为 $t$，则气驱见效高峰期单井产量为：

$$q_{ogs} = F_{gw} q_{ow0} \mathrm{e}^{-D_w t} \approx F_{gw} q_{ow0} \left(1 - D_w t\right) \tag{3-198}$$

式中　$q_{ogs}$——气驱见效高峰期单井产量，t/d；

$q_{ow0}$——注气之前 1 年内水驱单井产量，t/d；

$D_w$——水驱产量年递减率；

$t$——从开始注气到注气见效的时间，a。

国内外低渗透油藏 $CO_2$ 驱实践表明，从开始注气到见气见效所需时间通常为数月或 1 年左右，又由于注气能够补充早期地层压力，可忽略从注气到见气见效的递减，则式（3-198）简化为：

$$q_{ogs} = F_{gw} q_{or0} \tag{3-199}$$

式（3-199）预测低渗透油藏注气见效高峰期产量的方法得到了国内外 30 个注气实例的验证（图 3-11）。特低渗透或一般低渗透油藏小井距和扩大井距试验、混相和非混相驱生产动态均符合该理论。气驱增产倍数概念为在理论上把握气驱产量提供了油藏工程方法依据。

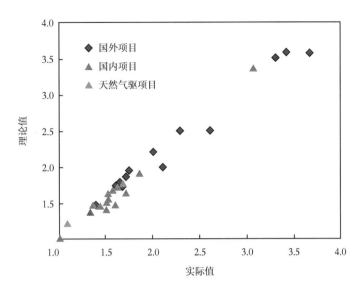

图 3-11　30 个油藏的气驱增产倍数对比

式（3-199）中的产量项对时间求导数有：

$$\frac{\mathrm{d}Q_{\mathrm{og}}}{\mathrm{d}t} = F_{\mathrm{gw}} \frac{\mathrm{d}Q_{\mathrm{ow}}}{\mathrm{d}t} \qquad （3\text{-}200）$$

式（3-200）表明，气驱产量递减特征类似于水驱，并且气驱产量随时间绝对递减率为水驱产量绝对递减率的常数倍，即气驱增产倍数。当然，递减率也可根据矿场注气经验得到。

### 3. 二氧化碳驱低渗透油藏筛选新指标

将注气见效高峰期持续时间视作稳产年限，注气见效高峰期产量即为稳产期产量。当气驱见效高峰期产量低于经济极限产量时，CCUS-EOR 项目即无经济效益，由此引出判断 $CO_2$ 驱项目可行性的新指标。

若低渗透油藏 $CO_2$ 驱见效高峰期单井产量高于 $CO_2$ 驱经济极限单井产量，即：

$$q_{\mathrm{ogs}} > q_{\mathrm{ogel}} \qquad （3\text{-}201）$$

将式（3-199）代入式（3-201），可得：

$$q_{\mathrm{ow0}} > q_{\mathrm{ogel}} / F_{\mathrm{gw}} \qquad （3\text{-}202）$$

式（3-202）表明，欲实现有经济效益的气驱开发，注气之前的水驱产量必须足够高，这意味着油藏物性、原油重度和含油饱和度不能同时过低。在应用式（3-202）时，若不能确定混相程度，建议按混相情形计算气驱增产倍数；适合注气低渗透黑油油藏 $CO_2$ 混相驱油效率取 80%，水驱油效率通常在 46%~57% 之间。

对于技术可行的油藏，只要确定了气驱经济极限单井产量和气驱见效高峰期单井产量，根据上述筛选指标，据可以进一步判断项目的经济性。实际应用时，须严格筛选指标，比如采用较高递减率和单井投资，确保注气经济效益。

### 八、二氧化碳驱油极限采收率计算方法

国际上，CCUS-EOR 技术应用主要集中在北美地区，该地区作为三次采油技术应用的 $CO_2$ 驱项目提高采收率幅度为 7~25 个百分点，平均值 12 个百分点。在中国，早期潜力评价阶段认为 $CO_2$ 驱等混相气驱技术整体提高采收率幅度可达 18.7 个百分点；自 20 世纪 60 年代以来实施了 30 多个 $CO_2$ 驱矿场试验项目，方案预计提高采收率幅度通常不到 15 个百分点，正常水驱开发油藏转 $CO_2$ 驱项目的实际采收率提高幅度很少能够超过 10 个百分点。

油田开发技术能否得以持续发展，基本是由其经济价值决定的。截至目前，$CO_2$ 驱油过程依然是 CCUS-EOR 项目产出的唯一环节，$CO_2$ 驱增产或提高采收率的幅度是决定 CCUS-EOR 项目效益的关键变量。残余资源可通过其他革命性技术利用。中国油藏多为陆相沉积形成，资源品质较差，$CO_2$ 驱提高采收率理论研究与高效实践的难度更大。因此，有必要提出一种确定 $CO_2$ 驱采收率的实用油藏工程方法，为 CCUS-EOR 方案编制和生产应用提供更可靠更充分的理论指导。本文立足国内外 $CO_2$ 驱油矿场实践，特别是根据吉林油田黑 79 北小井距 $CO_2$ 驱试验的启示，探讨终极埋存情景下 CCUS-EOR 开发方式的采收率问题，提出了 CCUS-EOR 极限采收率概念，并结合气驱增产倍数概念，建立任意混相程度下 $CO_2$ 驱采收率的确定方法，指出逼近极限采收率的技术途径。

### 1.CCUS-EOR 极限采收率概念的内涵

为实现"双碳"目标，中国 2030 年需要通过 CCUS 技术减排 $CO_2$ $0.20 \times 10^8$~

$4.08×10^8t$，2050 年减排量达到 $6.00×10^8$~$14.00×10^8t$，目前 CCUS-EOR 被视为石油企业碳中和的托底技术。通常，提高采收率幅度对强化采油项目的经济性影响很大，对于全流程的 CCUS-EOR 项目更是如此，因为 $CO_2$ 驱油利用环节承载了碳捕集和管道建设费用，相同井口碳价下，整个项目的效益显著低于单纯的 $CO_2$ 驱油项目。因此，CCUS-EOR 开发要以经济性为约束，追求采收率最大化。

"双碳"背景下，已注入油藏并被埋存的 $CO_2$ 不能再被采出排放，CCUS-EOR 开发应为最后一次大幅度提高石油采收率的机会。在资源品质劣质化、开发对象复杂化、保供形势紧迫化的当前，需要充分开发探明资源，最大程度提高采收率。提高采收率的主要方法是转变开发方式，但转入 CCUS-EOR 开发的油藏已不存在再次转变开发方式的可能性，追求极限采收率，是终极埋存情景下的必然选择。在此提出 CCUS-EOR 开发的 3 个采收率概念：（1）$CO_2$ 驱终极采收率是波及系数接近 1.0 时的采收率，数值等于驱油效率；在油田开发的几十年内，终极采收率是一个在技术上遥不可及的目标。（2）$CO_2$ 驱极限采收率是技术可行且经济上能接受的采收率，经济上能接受系指财务指标未必达到基准要求却实际可行，往往出于油田稳产保供需要。（3）经济合理采收率是达到财务指标基准要求的采收率，方案比选与评审确定的采收率往往是经济合理采收率。

从经济合理采收率增长到极限采收率通常需要更长的时间、更大的工作量与更多的技术应用，这意味着更高的成本。显然，在数值上，经济合理采收率小于极限采收率，而经济合理采收率和极限采收率都小于终极采收率。在性质上，终极采收率是一个纯粹的技术指标，极限采收率是在一定程度上考虑了社会政治与经济因素的技术指标，经济合理采收率则是以经济性为硬约束的技术指标。

### 2. 小井距二氧化碳驱试验概况

2011 年中国石油在吉林油田黑 79 北区块开展小井距 $CO_2$ 驱先导试验，以加速完成 $CO_2$ 驱全生命周期，快速评价高含水低渗透油藏 $CO_2$ 驱提高采收率效果。试验区注气目的层位为白垩系青一段 11+12 号层，油藏埋深 2250m，地质储量约 $40×10^4t$，储层渗透率为 4.5mD，原始地层压力下能够实现混相驱替，采用 80m×240m 反七点井网，平均注采井距约 144m，试验规模 10 注 27 采，转 $CO_2$ 驱时水驱采出程度 25.6%。小井距试验区于 2012 年 7 月开始注气，截至 2021 年底，累计注入 $CO_2$ $35×10^4$t，稳产期约 4 年（图 3-12），稳产采油速度约 2.8%，阶段采出程度 19.1%。如果持续注入 $CO_2$ 至 3 倍烃类孔隙体积，$CO_2$ 驱 阶段采出程度可达到 27.7%（图 3-13），与持续水驱相比预计提高采收率 21.5 个百分点（预计持续水驱的阶段采出程度为 6.2%），深入验证了高含水低渗透 油藏实施 $CO_2$ 混相驱大幅度提高采收率的可行性。

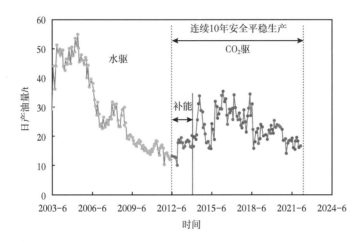

图 3-12　黑 79 北小井距 $CO_2$ 驱试验区日产油量变化情况

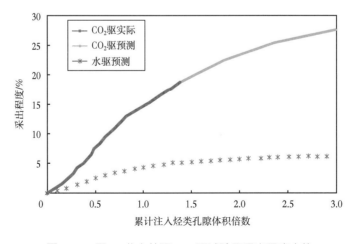

图 3-13　黑 79 北小井距 $CO_2$ 驱试验区采出程度走势

黑 79 北小井距 $CO_2$ 驱先导试验在中国首次实现了全试验区超过 1.0 倍烃类孔隙体积的矿场注入，基本走完了 $CO_2$ 驱油的全生命周期，积累了丰富的 $CO_2$ 驱开发油藏管理经验。尤为重要的是，在黑 59 先导试验、黑 79 南扩大试验因提高采收率幅度不到 10 个百分点及其他工程原因终止的情况下，该试验实现了提高采收率幅度超过 20 个百分点、最终采收率突破 50% 的效果，肯定了 $CO_2$ 驱油技术具有大幅度提高采收率的潜力，进而引发了关于如何最大化提高 $CO_2$ 驱采收率的战略思考。

### 3. 小井距试验的启示

（1）技术成熟配套是实现极限采收率的前提。

黑 79 北小井距试验对于配套完善和全面审视 $CO_2$ 驱注采、地面集输关键工艺技术起到了至关重要的作用。通过该试验配套完善了气举—助抽—控套举升工艺，从而实现了气油比超过 $1000m^3/m^3$ 的生产井正常举升生产，扭转了高气液比停产的被动局面；创新应用了分级气液分输技术，实现了气窜后地面集输系统常态化生产；研发了一剂多效缓蚀阻垢剂，腐蚀速率控制在国家标准要求的范围内（低于 0.076mm/a），油井免修期达 900 天，实现了安全长效运行；更为深入地检验了混合水气交替注入联合周期生产气驱油藏管理模式的长期可行性。通过小井距等重大开发试验配套完善了可在松辽盆地复制推广的工业化应用工艺流程，技术成熟度达到 8 级，形成了中国石油的 CCUS 吉林模式。全流程技术成熟配套，为实现极限采收率奠定了技术基础。

（2）混相驱替是注气大幅度提高采收率的基础。

黑 79 北小井距 $CO_2$ 驱开发试验在 10 年时间内，整体阶段采出程度已达 19.1%，提高采收率幅度可超过 20 个百分点。有必要分析获得该技术效果的原因，以指导未来的 $CO_2$ 驱油实践。理论与实践证明，在井网层系等工程条件相同时，驱油效率控制了低渗透油藏注气提高采收率效果[4-5]。小井距试验区经过 1 年多注气，地层压力升至 23.5~26.5MPa，高于最小混相压力 23MPa，实现了全油藏混相驱替，驱油效率达到 80%~85%，为大幅度提高采收率提供了有利的相态基础。如果某个油藏的 $CO_2$ 驱油效率始终低于水驱，则不建议在该油藏正规开展 $CO_2$ 驱工作。

（3）大孔隙体积倍数注入是大幅度提高采收率的必要条件。

黑 79 北小井距试验区注入烃类孔隙体积倍数和提高采收率效果远超国内其他试验区，为验证二者之间是否有必然关系，统计了国内外多个混相程度较高的 $CO_2$ 驱项目的累计注入烃类孔隙体积与阶段采出程度提高幅度（$CO_2$ 驱阶段采出程度与预计持续水驱阶段采出程度的差值）的关系（图 3-14），发现累计注入烃类孔隙体积与阶段采出程度提高幅度正相关；当注入量小于 0.1 倍烃类孔隙体积时，基本没有提高采收率效果；当注入量为 0.1~1.0 倍烃类孔隙体积时，阶段采出程度提高幅度上升速度较快；当注入量超过 1.0 倍烃类孔隙体积后，阶段采出程度提高幅度增长趋势明显变缓，但距关系曲线完全变平仍有一定的差距，表明没有足够的注入量，难以逼近极限采收率。

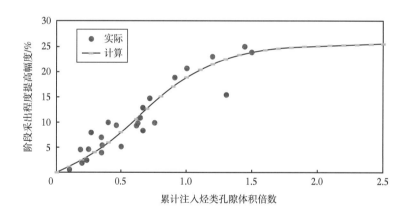

图 3-14　高混相程度 $CO_2$ 驱项目阶段采出程度提高幅度变化趋势

（4）产量递减阶段经济效益明显变差。

早期阶段实施高速注气，提高地层压力促进混相是低渗透油藏注气的普遍做法，在换油率上表现为吨油耗气量很大；见气见效后，产油量大幅度升高进入稳产期，换油率相应较低，经济效益明显好转；稳产期结束后进入产量递减阶段，换油率又开始明显升高，经济效益变差。以小井距试验区为例，整个生命周期内的换油率指标大体上表现为 U 形（图 3-15），上产阶段的月度平均换油率为 12.5 t/t，稳产阶段的月度平均换油率为 4.77 t/t，递减阶段的月度平均换油率则又升高到 9.2 t/t。产出 $CO_2$ 虽可循环利用，但仍需经过多个处理和注入工艺流程，综合成本约 100 元 /t，高换油率将拉低项目经济效益。

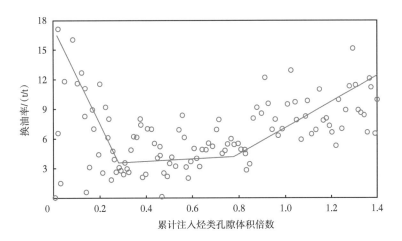

图 3-15  黑 79 北小井距 $CO_2$ 驱试验区换油率变化规律

### 4.CCUS-EOR 极限采收率计算方法

（1）$CO_2$ 混相驱项目采收率计算。

根据图 3-13 实际数据，拟合出一个适合高混相程度（混相驱、近混相驱）注气项目的气驱阶段采出程度提高幅度与累计注气量之间的经验关系：

$$\begin{cases} \Delta E_{\text{Rmg-w}} = \left( 2.1S_o \right)^{1.3} \left( 0.835 + \dfrac{22\text{e}^{\chi}}{10+\text{e}^{\chi}} - 3\text{e}^{-\chi} \right) \\ \chi = 3.5G_{\text{cuminj}} \end{cases} \qquad （3\text{-}203）$$

式中　$G_{\text{cuminj}}$——累计注入烃类孔隙体积倍数；

　　　$S_o$——转气驱时的含油饱和度，%；

　　　$\Delta E_{\text{Rmg-w}}$——$CO_2$ 混相驱项目的阶段采出程度提高幅度，%；

　　　$\chi$——中间变量。

式（3-203）对 $CO_2$ 混相驱和近混相驱项目提高采收率幅度计算具有较好的

适应性（图 3-14 和表 3-10）。

表 3-10　$CO_2$ 驱项目注入量与阶段采出程度提高幅度计算对比

| 项目名称 | 注入烃类孔隙体积倍数 | 采出程度提高值 /% | |
|---|---|---|---|
| | | 实际值 | 计算值 |
| 黑 79 北 | 1.40 | 22.8 | 21.6 |
| 黑 59 | 0.36 | 6.2 | 6.0 |
| 黄 3 | 0.11 | 1.2 | 1.3 |
| 草舍 | 0.46 | 9.5 | 8.7 |
| 高 89 | 0.35 | 7.1 | 7.6 |

（2）任意混相程度 $CO_2$ 驱项目采收率计算。

气驱等三次采油过程具有复杂性，受诸多动静态因素的影响，不同油藏的气驱采收率不同。目前还没有一种普遍适用的预测 $CO_2$ 驱采收率的油藏工程方法。但从经验看，很多油藏的 $CO_2$ 驱阶段采出程度提高幅度与累计注入量之间的关系比较一致，这可能是 $CO_2$ 驱的选择性导致的。我国 $CO_2$ 驱油实践中，以技术效果较好的混相驱项目为主，相关研究经验比较丰富。非混相驱与混相驱项目的差异主要体现在混相程度上，逐步提高混相程度，非混相驱项目的生产效果将趋向混相驱，或者说，所有的非混相驱开发动态随着地层压力的提升将逐步接近混相驱情形。为建立一种普遍适用的气驱提高采收率幅度计算方法，本文提出将混相驱项目采收率作为边界，利用气驱增产倍数概念在混相驱和非混相驱采收率之间建立联系，以混相驱研究经验估算非混相驱项目的提高采收率情况。

根据气驱增产倍数的概念与定义，气驱阶段采出程度等于"同期"水驱阶段采出程度与气驱增产倍数之积，混相驱项目的阶段采出程度可表示为：

$$\begin{cases} \Delta E_{\mathrm{Rgm}} = F_{\mathrm{gw-m}} \Delta E_{\mathrm{Rw}} \\ F_{\mathrm{gw-m}} = \dfrac{R_{1-m} - R_2}{1 - R_2} \end{cases} \qquad (3-204)$$

式中 $F_{\mathrm{gw-m}}$——混相驱项目的气驱增产倍数；

$\Delta E_{\mathrm{Rgm}}$——$CO_2$ 混相驱项目的阶段采出程度，%；

$R_{1-m}$——$CO_2$ 混相驱油效率与水驱油效率之比；

$R_2$——广义可采储量采出程度（转驱时采出程度与水驱油效率的比值），%。

混相驱项目的阶段采出程度提高幅度计算方法为：

$$\Delta E_{\mathrm{Rmg-w}} = \Delta E_{\mathrm{Rgm}} - \Delta E_{\mathrm{Rw}} \qquad (3-205)$$

将式（3-204）代入式（3-205）整理可以得到混相驱项目的阶段采出程度：

$$\Delta E_{\mathrm{Rgm}} = \frac{F_{\mathrm{gw-m}}}{F_{\mathrm{gw-m}} - 1} \Delta E_{\mathrm{Rmg-w}} \qquad (3-206)$$

类似地，可写出任意混相程度 $CO_2$ 驱项目的阶段采出程度：

$$\Delta E_{\mathrm{Rg}} = F_{\mathrm{gw}} \Delta E_{\mathrm{Rw}} \qquad (3-207)$$

任意混相程度 $CO_2$ 驱项目阶段采出程度提高幅度计算方法为：

$$\Delta E_{\mathrm{Rg-w}} = \Delta E_{\mathrm{Rg}} - \Delta E_{\mathrm{Rw}} \qquad (3-208)$$

式中 $\Delta E_{\mathrm{Rg-w}}$——任意混相程度 $CO_2$ 驱项目的阶段采出程度提高幅度，%。

联立式（3-205）至式（3-208），整理后可以得到：

$$\begin{cases} \Delta E_{\mathrm{Rg}} = \dfrac{F_{\mathrm{gw}}}{F_{\mathrm{gw-m}} - 1} \Delta E_{\mathrm{Rmg-w}} \\ \Delta E_{\mathrm{Rg-w}} = \dfrac{F_{\mathrm{gw}} - 1}{F_{\mathrm{gw-m}} - 1} \Delta E_{\mathrm{Rmg-w}} \end{cases} \qquad (3-209)$$

式中 $F_{\mathrm{gw}}$——任意混相程度 $CO_2$ 驱项目的气驱增产倍数；

$\Delta E_{\mathrm{Rg}}$——任意混相程度 $CO_2$ 驱项目的阶段采出程度，%。

式（3-209）即为任意混相程度气驱项目采收率相关指标的普适性计算方法。

根据式（3-209）可知，要计算任意混相程度 $CO_2$ 驱项目的阶段采出程度或阶段采出程度提高幅度，须知气驱增产倍数和 $CO_2$ 混相驱项目的阶段采出程度提高幅度这两个参数。气驱增产倍数易于计算，$CO_2$ 混相驱项目的阶段提高采出程度 $\Delta E_{Rmg-w}$ 可通过式（3-203）计算。

根据式（3-209）计算了含油饱和度为 45% 的低渗透油藏实施非混相 $CO_2$ 驱阶段采出程度提高幅度变化情况（图 3-16），可以看出，随着累计注入 $CO_2$ 量的增加，阶段采出程度提高幅度相应增加；随着 $CO_2$ 驱混相程度增加，阶段采出程度提高幅度亦相应增加。对于非混相驱项目，累计注气量为 1.5 倍烃类孔隙体积时，采出程度与极限采收率的差值小于 2 个百分点，基本逼近极限采收率。

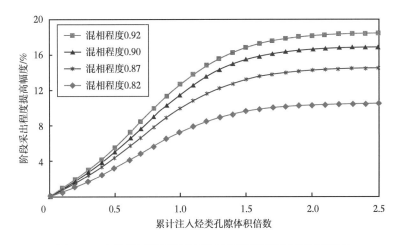

图 3-16  不同混相程度下阶段采出程度提高幅度变化情况

### 5. CCUS-EOR 开发全生命周期阶段划分

CCUS-EOR 开发可以分为 4 个阶段：第 1 个阶段从为从注气到见气，第 2 个阶段为从见气到气窜，第 3 个阶段为从气窜到废弃，第 4 个阶段为油藏废弃后的 CCS 深度埋存。前 3 个阶段由于注、驱、采、埋往往同步发生，可统称为同步埋存阶段，该阶段重点考虑采用大孔隙体积倍数注入 $CO_2$，尽可能扩大波及体积，追求极限采收率。确定同步埋存阶段的累计注入量，对设计 CCUS-EOR 开发方案有重要意义。从式（3-203）或式（3-209）可知，在注气量达到 1.5 倍烃类孔隙体积之后，采出程度与极限采收率的相对偏差小于 5%，绝对差值不超过 2 个百分点。对于气源充足稳定的低渗透油藏 $CO_2$ 驱项目，年注气速度通常在 0.05~0.10 倍烃类孔隙体积，同步埋存阶段若按 20 年计，累计注入量为 1.0~2.0 倍烃类孔隙体积。如前所述，大孔隙体积倍数注入后期的换油率和操作成本较高，继续注气效益将为负，可以考虑转入纯粹埋存阶段；加上转 $CO_2$ 驱之前油藏往往已经注水开发 10~30 年，CCUS-EOR 开发后油藏服役年限可达 30~50 年，此时油藏逐步废弃是可以接受的。综合考虑，对于适合开展大孔隙体积倍数注入的油藏，推荐 CCUS-EOR 开发累计注入量达到 1.5 倍烃类孔隙体积可转入纯粹 CCS 的深度埋存阶段。

深度埋存阶段的累计注入量需要结合油藏及环境具体情况确定，若油藏整装且含油边界外发育区域水体且水层渗透性良好，则具备长期注入埋存的地质条件；若为小断块油藏，则不对 CCS 阶段埋存量提出过多要求。

### 6. 极限采收率实现途径

（1）开展大孔隙体积倍数注入方案设计。

传统的 $CO_2$ 驱项目方案设计注入量通常不到 0.6 倍烃类孔隙体积即终止注气，有些项目甚至低于 0.4 倍烃类孔隙体积，而图 3-16 证实当注入量小于 1.0 倍烃类孔隙体积时，阶段采出程度提高幅度随着注入量的增加而稳定增长，因此类似项目若实施二次 $CO_2$ 驱，仍有较大幅度提高采收率潜力。做好 CCUS-EOR 方案设计是实现极限采收率的第一步，只有将小孔隙体积倍数注入方案设计思路转变为大孔隙体积倍数，才有可能达到极限采收率。方案设计时，待比方案不应少于 3 个且至少应包括一个基于扩大波及体积技术的大孔隙体积倍数注入方案。

类似吉林黑 79 北试验区这样的构造平缓中深层油藏，已可实现 1.0 倍烃类孔隙体积以上的 $CO_2$ 注入，完整的背斜、单斜油藏的封闭性天然良好，适合开展更大注入孔隙体积倍数的 $CO_2$ 驱油实践。深层油藏通常也具有较大注入孔隙体积倍数的条件，然而，复杂断块油藏由于断裂系统发育，地质体对于 $CO_2$ 的封闭性难以充分保障，暂不建议开展大孔隙体积倍数注气。综合考虑终极埋存的适宜性及实现大孔隙体积倍数 $CO_2$ 注入的难度，根据式（3-209）并结合中国油藏实际情况，测算了方案设计阶段不同类型油藏 $CO_2$ 注入量推荐值与相应的采收率提高值（表 3-11）。

表 3-11　方案设计阶段不同类型油藏 $CO_2$ 累计注入量推荐表

| 分类 | 油藏类型 | 注入烃类孔隙体积倍数 | 阶段采出程度提高幅度目标 /% | |
|------|----------|----------------------|------------------|------|
| | | | 非混相驱 | 混相驱 |
| 一类 | 背斜单斜 | 1.0~1.5 | 13~17 | 20~25 |
| 二类 | 平缓中深层 | 0.8~1.2 | 10~13 | 15~20 |
| 三类 | 深层 | 0.7~1.0 | 7~10 | 12~15 |
| 四类 | 复杂断块 | 0.5~0.7 | 5~7 | 9~12 |

注：传统的 $CO_2$ 驱项目方案设计注入量为 0.5~0.6 倍烃类孔隙体积，非混相驱、混相驱阶段采出程度提高幅度目标分别为 4%~6%、7%~9%。

（2）提高 $CO_2$ 驱混相程度。

提高驱油效率是低渗透油藏注气大幅度提高采收率的主要机理，$CO_2$ 的驱油效率主要由混相程度决定。对于给定的地层油体系，油藏条件下 $CO_2$ 驱的最小混相压力是确定的，提高地层压力即可提高混相程度。图 3-17 表明，$CO_2$ 与不同原油组分的最小混相压力有明显差异，提高地层压力可提高 $CO_2$ 与更多组分的混相程度，有利于提高驱油效率，逼近极限采收率。要充分借鉴业已成熟的早期大段塞注气抬压促混等气驱油藏管理经验，坚决杜绝"应混未混"项目。

（3）扩大注入 $CO_2$ 的波及体积。

井网层系调整是水驱提高采收率和化学驱三次采油的通用方法，$CO_2$ 驱也可借鉴。井网调整内容包括井网井型与井距排距两方面的内容，开发层系调整包括层系细分与分层注入。根据谢尔卡乔夫公式，提高井网密度是扩大波及体积、提高采收率的重要途径。因此，缩小井距、井网加密是水驱油藏二次开发提高采收率的一个主要做法，该方法同样也适用于扩大注入 $CO_2$ 在低渗透油藏中的波及体积。黑 79 北试验区通过井网加密以小井距驱替实现了 1.0 倍烃类孔隙体积以上的 $CO_2$ 注入。

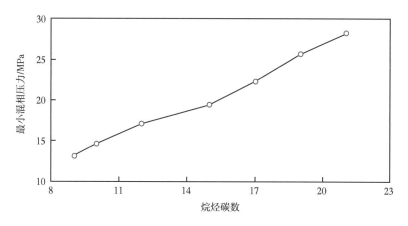

图 3-17　91℃ 时不同碳数烷烃与 $CO_2$ 的最小混相压力

混合水气交替注入联合周期生产（HWAG-PP）是国内外大量实践普遍证明了的最为经济有效地扩大注入 $CO_2$ 波及体积的做法，实践中务必长期坚持。为进一步扩大波及体积，需要考虑更有效的流度控制技术。对于孔隙型油藏气窜，可实施泡沫注入改善驱替流度比，进一步扩大注入 $CO_2$ 的波及体积；对于裂缝型油藏气窜，注入凝胶等化学体系比较合适，长庆油田黄 3 区 $CO_2$ 驱试验区在注气早期曾采用了该方法，效果较好。

重力分异作用是实现全油藏波及的有利条件。重力分异作用在高渗透稠油油藏蒸汽辅助重力驱的蒸汽腔扩展过程中已得到验证。对于渗透性较好的储层，选择在背斜轴部、单斜顶部、平缓油藏微隆起等较高部位注气，充分利用重力，低成本扩大波及体积。

### 7. 结论

"双碳"背景下，CCUS-EOR 开发应追求极限采收率。极限采收率是技术可行但经济上未必达到财务指标基准要求的采收率，有别于经济合理采收率和终极采收率。从长远看，碳税和碳交易价格会影响项目经济性，进而影响技术指标的取值。气举—助抽—控套举升、分级气液分输、高效缓蚀阻垢、混合水气交替注入联合周期生产等技术可保障实现极限采收率长期过程的安全平稳生产。

关联得到了混相气驱采收率与累计注气量之间的经验关系式，推导建立了任意混相程度 $CO_2$ 驱项目的阶段采出程度计算公式。累计注气量为 1.5 倍烃类孔隙体积时，采出程度接近极限采收率。开展大孔隙体积倍数注入方案设计、提高混相程度和扩大波及体积是实现极限采收率的技术途径。本文研究成果丰富了 $CO_2$ 驱全生命周期开发理论，对 CCUS-EOR 开发方案编制和 $CO_2$ 驱油与埋存一体化经营管理有重要指导意义。

### 九、低渗透油藏二氧化碳同步埋存量计算方法

在油藏中 $CO_2$ 埋存潜力评价方面，在建立构造储存、束缚储存、溶解储存和矿化储存等碳封存机制的基础上，形成的 $CO_2$ 埋存潜力分级分类方法以及不同层次埋存量评价方法颇具代表性：例如碳封存领导人论坛（CSLF）上提出的 $CO_2$ 理论埋存量计算方法。在 Bradshaw& Bachu 等提出溶解效应随时间延长不可忽视的认识以后，沈平平等建立了考虑溶解因素的理论埋存量计算方法，并提出了考虑实际油藏驱替特点的"多系数法"有效埋存量预测方法。段振豪提出的不同矿化度水中 $CO_2$ 溶解度改进模型和薛海涛等提出的原油中 $CO_2$ 溶解度预测模型，可认为是我国在油藏流体 $CO_2$ 溶解度理论研究方面的代表性工作。

分析上述研究成果发现，在 $CO_2$ 埋存量分级分类方面，虽然提出了实际埋存量的概念，但还未将 $CO_2$ 驱油项目评价期内的埋存量和油藏废弃后继续实施碳封存形成的埋存量进行区分。前者是注入、采出、驱油、埋存等过程同步发生期间的埋存量，即同步埋存量，是以经济效益为中心的石油生产企业比较关心的一个指标；而后者则应认为是仅涉及注入和埋存过程的纯粹 CCS 项目的一项技术埋存量指标，是需要国家在资金和政策方面给予特别重大的支持才能持续并规模化的。本文在厘清换油率概念的基础上，提出了同步埋存量计算方法，完善了 $CO_2$ 埋存潜力评价油藏工程理论方法。

#### 1. 二氧化碳同步埋存量计算公式

$CO_2$ 埋存潜力分为理论、有效、实际和匹配埋存量等 4 个层次：理论埋存

量认为注入气能够抵达每个孔隙，是理想情形；有效埋存量体现了储层和流体参数，体现波及系数概念，提高了可信度；实际埋存量进一步考虑了井网条件和油藏生产等因素；匹配埋存量则综合了源汇匹配情况。前人仅给出了理论和有效埋存量测算方法。

实际埋存量又可分为注入、采出、驱油、埋存四个过程同步发生期间的埋存量（同步埋存量）和油藏废弃后的埋存量（深度埋存量）两部分。同步埋存量是真正意义上的 CCUS 项目的埋存量，也是石油企业最关心的一项指标，而油藏废弃后的深度埋存量则应认为是纯粹 CCS 项目的一项技术指标。

求取 $CO_2$ 驱油项目历年产油量，与换油率做乘积，并扣除产出气中的 $CO_2$ 质量，即可得到历年的 $CO_2$ 埋存量。由此提出 $CO_2$ 驱油项目评价期内 $CO_2$ 同步埋存量计算公式：

$$M_{CO_2t} = \sum_{i=1}^{n} Q_{og} \left[ s_{CO_2/Oil} - \frac{\rho_{ings}}{1000} (GOR - R_{si}) \right]_i \qquad (3\text{-}210)$$

式中　$s_{CO_2/Oil}$——$CO_2$ 换油率，t/t；

$Q_{og}$——某年的气驱产量水平，t/a；

GOR——$CO_2$ 驱生产气油比，$m^3/m^3$；

$R_{si}$——原始溶解气油比，$m^3/m^3$；

$\rho_{ings}$——注入气的地面密度，一般可取值为 $1.9kg/m^3$；

$n$——$CO_2$ 驱油与埋存项目评价期年限，a。

$CO_2$ 驱油项目评价期内同步埋存量计算公式涉及 $CO_2$ 换油率、气驱生产气油比和气驱产量这三个关键参量。由于 $CO_2$ 换油率、气驱生产气油比和气驱产量的计算方法在前文已经阐述过了，这里着重介绍下文着重 $CO_2$ 驱换油率计算方法。

### 2. 二氧化碳驱换油率计算方法

国际上研究 $CO_2$ 在驱油与埋存过程中的利用效率问题时，经常用到的一个概念是 $CO_2$ 利用因子（Utilization factor，注入单位质量 $CO_2$ 所采出的原油），

我国与 $CO_2$ 利用因子相应的概念则为 $CO_2$ 换油率。在我国，关于 $CO_2$ 换油率有两种理解：（1）生产每吨原油所埋存的 $CO_2$ 质量；（2）生产每吨原油所需注入 $CO_2$ 的质量。实际生产中，存在着被采出的注入气质量等于或高于注入气质量的情形，若按第一种理解，则换油率为零或为负数，这容易造成 $CO_2$ 注入没有起到驱油作用的不当认识，而按第二种理解的换油率大于零，只不过是效率变低了。另一方面，注入气包括埋存和产出两部分，即使是产出的气体，地下萃取作用对产油也有一定贡献。显然，关于换油率的第二种理解比较合理。因此，本文将 $CO_2$ 换油率定义为生产每吨原油所须注入的 $CO_2$ 质量（或注入多少吨 $CO_2$ 才能换采 1 吨油）。在此定义下的 $CO_2$ 换油率和国外的 $CO_2$ 利用因子互为倒数，这一定义下的换油率通常为大于 1 的数字，也不会出现无限大的情况，便于应用。另一个与换油率有关的概念是增油换油率，$CO_2$ 驱增油换油率可以定义为 $CO_2$ 驱比水驱增产每吨原油所需注入的 $CO_2$ 质量。

根据前述讨论，注入气换油率定义式如下：

$$s_{g/o} = \frac{G_{in}B_g\rho_g}{N_pB_o\rho_o} \qquad (3-211)$$

式中 $s_{g/o}$——$CO_2$ 质量换油率，t / t；

$\quad G_{in}$——注入气的地面总体积，$m^3$；

$\quad B_g$——注入气体积系数；

$\quad B_o$——油的体积系数；

$\quad \rho_g$——注入气地下密度，$kg/m^3$；

$\quad \rho_o$——采出油地下密度，$kg/m^3$；

$\quad N_p$——气驱阶段产油地面体积，$m^3$。

考虑介质变形，忽略出砂因素，根据物质平衡原理，在任一开发阶段，油藏内注入与采出各相流体体积之间存在关系：

$$L_{pr} + G_{pf}B_g = (G_{innet} - G_{disv} - G_{solid})B_g + W_{effin}B_w + \Delta L_{expand} + W_{inv} - \Delta V_p \qquad (3-212)$$

式中　$L_{pr}$——采液量地下体积，$m^3$；

　　　$G_{pf}$——采出游离气的地面体积，$m^3$；

　　　$G_{innet}$——进入目标油层的注入气地面体积，$m^3$；

　　　$G_{disv}$——油藏流体溶解注入气体积，$m^3$；

　　　$G_{solid}$——成矿固化的注入气的地面体积，$m^3$；

　　　$W_{effin}$——扣除泥岩吸水和裂缝疏导至注气工区外部后的有效注水量，$m^3$；

　　　$\Delta L_{expand}$——注入气溶解引发的油藏流体膨胀，$m^3$；

　　　$\Delta V_p$——注气造成的地层压力变化引起的孔隙体积变化，$m^3$；

　　　$W_{inv}$——外部环境向注气区域的液侵量，$m^3$。

进入目标油层注入气的地面体积表示为：

$$G_{innet} = G_{in} - G_{indry} - G_{fraclead} \qquad (3\text{-}213)$$

式中　$G_{in}$——注入气的地面总体积，$m^3$；

　　　$G_{indry}$——干层吸气量，$m^3$；

　　　$G_{fraclead}$——沿裂缝疏导气量，$m^3$。

注气引起的孔隙体积变化：

$$\Delta V_p = \Delta V_{pp} + \Delta V_{pchem} \qquad (3\text{-}214)$$

式中　$\Delta V_{pp}$——压敏介质由于地层压力升高引起的孔隙体积膨胀，$m^3$；

　　　$\Delta V_{pchem}$——注入气成矿反应引起的孔隙体积变化，$m^3$。

压敏介质孔隙变形引起的体积变化写作：

$$\Delta V_{pp} = V_p C_t \Delta p \qquad (3\text{-}215)$$

式中　$\Delta p$——想要达到的地层压力升高值，MPa。

注气引起的孔隙体积变化：

$$\Delta V_{pchem} = \int_0^{G_{innet}} V_{pchemG} \mathrm{d}G_{innet} \qquad (3\text{-}216)$$

式中　$V_{pchemG}$——注入气可能造成的酸岩反应所引起的孔隙体积变化速率，$m^3/m^3$。

采出液体（油、水）的地下体积为：

$$L_{pr} = N_p B_o + W_p B_w \qquad （3-217）$$

阶段产油量、阶段产液量和含水率存在关系：

$$N_p = L_{pr}\left(1 - f_{wr}\right) / B_o \qquad （3-218）$$

地下体积含水率定义为：

$$f_{wr} = \cfrac{1}{\cfrac{1 - f_w}{f_w}\cfrac{B_o}{B_w} + 1} \qquad （3-219）$$

随着注气量增加，受地层流体溶气能力限制，油藏会出现游离气。游离气油比可定义为游离气的采出量与地面产油量之比：

$$GOR_{pf} = \frac{G_{pf}}{N_p} \qquad （3-220）$$

产出气中包括原始伴生溶解气和注入气，认为注入气组分引起的那一部分生产气油比表示如下：

$$GOR_{ing} = \frac{G_{ing}}{N_p} = GOR - R_{si} \qquad （3-221）$$

若无溶解作用，注入气所波及区域的孔隙体积等于扣除采出部分后的注入气体积与含气饱和度之比：

$$V_{Gsweep} = \frac{G_{innet}B_g - G_{ping}B_g}{S_g} \qquad （3-222）$$

在注入气波及区域，高压注气形成的剩余油饱和度近似为残余油饱和度 $S_{or}$，波及区含水饱和度为 $S_w$，则该区域的含气饱和度为：

$$S_g = 1 - S_w - S_{or} \qquad （3-223）$$

注入气驱走的水近似等于阶段产出水，这部分产出水与如下含水饱和度相当：

$$S_w = S_{wi}\left(1 - \Delta R_e \frac{S_{oi}}{S_{wi}}\frac{f_w}{1 - f_w}\frac{B_w}{B_o}\right) \qquad （3-224）$$

根据式（3-222）和式（3-223）可以得到：

$$V_{\text{Gsweep}} = \frac{G_{\text{innet}}B_g - G_{\text{ping}}B_g}{1 - S_w - S_{or}}$$

（3-225）

注入气波及区域内的剩余油体积：

$$V_{\text{o-insweep}} = V_{\text{Gsweep}}S_{or}$$

（3-226）

注入气波及区域内的剩余水体积：

$$V_{\text{w-insweep}} = V_{\text{Gsweep}}S_w$$

（3-227）

实际上，注入气接触油藏流体，在压力和扩散作用下引起的溶解量：

$$G_{\text{disv}} = V_{\text{o-insweep}}R_{\text{Do}} + V_{\text{w-insweep}}R_{\text{Dw}}$$

（3-228）

将溶解注入气后地层油和水的体积系数增量分别记为 $\Delta B_{\text{od}}$、$\Delta B_{\text{wd}}$，注入气接触波及区油水产生的体积膨胀：

$$\Delta L_{\text{expand}} = V_{\text{o-insweep}}\Delta B_{\text{oD}} + V_{\text{w-insweep}}\Delta B_{\text{wD}}$$

（3-229）

对于裂缝发育油藏，可能存在注入气沿着裂缝窜进，并被疏导至注气井组外部的现象。需要对这部分裂缝疏导气量进行描述。

裂缝疏导气量仍可按地层系数表述：

$$G_{\text{fraclead}} = \frac{G_{\text{in}}Hd_{\text{frac}}h_{\text{frac}}w_{\text{frac}}v_{\text{frac}}}{Hv_{\text{matrix}} + Hd_{\text{frac}}h_{\text{frac}}w_{\text{frac}}v_{\text{frac}}}$$

（3-230）

式中　$H$——注气井段长度，m；

　　　$h_{\text{frac}}$——平均裂缝高度，m；

　　　$d_{\text{frac}}$——裂缝密度，条 /m；

　　　$w_{\text{frac}}$——裂缝平均宽度，m；

　　　$v_{\text{frac}}$——裂缝流速，m/s；

　　　$v_{\text{matrix}}$——基质流速，m/s。

基质吸气包括有效厚度段吸气和干层吸气两部分，基质吸气速度可写作：

$$Hv_{\text{matrix}} = 2\pi r_w h_e v_{\text{effg}} + 2\pi r_w (H - h_e) v_{\text{dryg}}$$

（3-231）

式中　$v_{\text{effg}}$——有效厚度内气体流速，m/s；

　　　$v_{\text{dryg}}$——干层气体流速，m/s；

　　　$h_{\text{e}}$——有效厚度，m；

　　　$r_{\text{w}}$——井径，m。

实践中发现存在干层吸气现象，干层吸气量可以按照地层系数法进行描述：

$$G_{\text{indry}} = \frac{(G_{\text{in}} - G_{\text{fraclead}})(H - h_{\text{e}})v_{\text{dryg}}}{(H - h_{\text{e}})v_{\text{dryg}} + h_{\text{e}}v_{\text{effg}}} \tag{3-232}$$

近似认为干层和有效层的吸气速度比值等于二者的平均渗透率比值：

$$\frac{v_{\text{effg}}}{v_{\text{dryg}}} = \frac{K_{\text{eff}}}{K_{\text{dry}}} \tag{3-233}$$

若实施水气交替注入，地下水气段塞比为：

$$r_{\text{wgs}} = \frac{W_{\text{effin}}B_{\text{w}}}{G_{\text{effin}}B_{\text{g}}} \tag{3-234}$$

国内低渗透油藏地层压力往往低于原始压力。将注气井组区域视为一口"大井"，则"大井"井底流压等于注气井区的地层压力 $p_{\text{rg}}$。如果注气井区的地层压力低于注气区外部地层压力 $p_{\text{rex}}$，则"大井"为汇；反之，"大井"为源。根据达西定律，外部与"大井"交换的液量可按下式进行估算：

$$W_{\text{inv}} = -198r_{\text{e}}h_{\text{e}}M_{\text{L}}\frac{p_{\text{rg}} - p_{\text{rex}}}{L}\Delta t \tag{3-235}$$

式中　$M_{\text{L}}$——液相流度，mD/（mPa·s）；

　　　$r_{\text{e}}$——试验区"大井"等效半径，m；

　　　$L$——平均注采井距，m；

　　　$\Delta t$——研究时域，a；

　　　$p_{\text{rg}}$——注气井区地层压力的在研究时域内的平均值，MPa；

　　　$p_{\text{rex}}$——注气区外部地层压力，MPa。

联立式（3-211）至式（3-235），整理得到气驱换油率：

$$s_{g/o} = \frac{F_{df} \left[ 1 + \left( 1 - f_{wr} \right) F_{CPGF} - R_{IPn} \right]}{\left( 1 - F_{dry\&frac} \right) \left( 1 - F_{SRB} + r_{wgs} \right)} \qquad （3-236）$$

其中

$$F_{CPGF} = F_{BGRF} + \frac{C_t}{S_{oi} R_{vg}} \frac{\Delta p}{\Delta t}$$

$$F_{BGRF} = \frac{B_g}{B_o} \left[ GOR_{Pf} - \left( GOR - R_{si} \right) F_{SRB} \right]$$

$$F_{SRB} = \frac{S_{or} \left( R_{Do} B_g - \Delta B_{oD} \right) + S_w \left( R_{Dw} B_g - \Delta B_{wD} \right)}{1 - S_{or} - S_w}$$

$$F_{dryflow} = \frac{1 - F_{fracflow}}{1 + \dfrac{NTG}{1 - NTG} \dfrac{K_{eff}}{K_{dry}}}$$

$$F_{fracflow} = \frac{F_{dwK}}{F_{rNTGK} + F_{dwK}}$$

$$F_{rNTGK} = 2\pi r_w \left[ NTG + \left( 1 - NTG \right) \frac{K_{dry}}{K_{eff}} \right]$$

$$F_{dwK} = d_{frac} h_{frac} w_{frac} \frac{K_{frac}}{K_{eff}}$$

$$F_{dry\&frac} = \left( 1 - F_{fracflow} \right) \left( 1 - F_{ntgv} \right)$$

$$R_{IPn} = \frac{W_{inv}}{N_p B_o / f_{Pr}}$$

$$F_{df} = \frac{\rho_g / \rho_o}{1 - f_{wr}}$$

式中　$R_{vg}$——折算至研究时域的气驱采油速度。

在水气交替注入单周期内，近似认为气段塞注入期间的产量和水段塞注入期间的产量相等。则水气交替注入单周期内的注入气换油率为：

$$s_{\text{WAGg/o}} = s_{\text{g/o}} \frac{T_g}{T_w + T_g} \qquad (3\text{-}237)$$

水段塞和气段塞注入时间近似存在关系：

$$T_w = T_g \frac{\rho_w q_{\text{ing}}}{\rho_g q_{\text{inw}}} r_{\text{wgs}} \qquad (3\text{-}238)$$

式中　$\rho_g$——注入气地下密度，$t/m^3$；

　　　$\rho_w$——水相地下密度，$t/m^3$；

　　　$q_{\text{inw}}$——每天注入油层的水的质量，t；

　　　$q_{\text{ing}}$——每天注入油层的气的质量，t。

联立式（3-237）和式（3-238），整理得到水气交替注入情形的换油率计算方法：

$$s_{\text{WAGg/o}} = \frac{s_{\text{g/o}}}{\dfrac{\rho_w q_{\text{ing}}}{\rho_g q_{\text{inw}}} r_{\text{wgs}} + 1} \qquad (3\text{-}239)$$

### 3. 公式应用示例

某油田低渗透油藏地质储量约 $3013 \times 10^4 t$，按储层物性和采出程度等指标可分为 4 种类型。根据技术性筛选标准，仅 I 类油藏在技术上不适合 $CO_2$ 驱，技术潜力 $2183 \times 10^4 t$。根据经济性筛选标准，仅 III 类油藏可经济推广 $CO_2$ 驱，适合 CCUS 的油藏资源潜力 $933 \times 10^4 t$。

表 3-12　低渗透油藏参数及分类

| 油藏分类 | 埋深 /m | 渗透率 /mD | 地层油黏度 /（mPa·s） | 地质储量 /$10^4$t | 采出程度 /% |
|---|---|---|---|---|---|
| I | 2600~2800 | 0.1~0.4 | 1.3~2.1 | 830 | 0 |
| II | 1700~1850 | 0.7~1.1 | 3.0~4.0 | 530 | 0~1.0 |
| III | 2200~2500 | 1.5~5.0 | 2.0~2.5 | 933 | 3.0~4.8 |
| IV | 2100~2350 | 5.0~20.0 | 2.2~2.7 | 720 | 25.0~27.0 |

III 类油藏的代表性区块于 2008 年 5 月开始橇装注气，注气层位为青一段砂岩油藏，有效厚度约 10m，储层渗透率 3.0mD，干层段渗透率 0.1mD，净毛

比 0.7，裂缝发育密度 0.25 条 /m，裂缝渗透率 500mD，缝宽 0.3mm，平均缝高 0.3m。地层油黏度 1.80mPa·s，注气时综合含水率 45%，注气前采出程度约 3.5%，$CO_2$ 地下密度 550kg/m$^3$，$CO_2$ 驱最小混相压力 23.0MPa，开始注气时地层压力 16.0MPa，气驱增压见效阶段抬升地层压力升高约 8MPa，$CO_2$ 驱采油速度 2.5% 左右，油藏条件下游离气相黏度 0.06mPa·s，束缚气饱和度 4.0%，气驱残余油饱和度 11%，初始含油饱和度 55%，原始溶解气油比 35%。利用这些参数预测气驱产量、$CO_2$ 驱气油比、$CO_2$ 换油率等三个参变量。

气驱产量剖面预测：首先按式（3-34）计算 Ⅲ 类油藏气驱增产倍数为 1.5，然后根据水驱开发经验和递减规律得到"同期的"水驱产量分布，再将"同期的"水驱产量乘以气驱增产倍数即得 Ⅲ 类油藏的气驱产量剖面（表 3-13）。

表 3-13　Ⅲ类油藏不同开发方式的年产油量

| 开发时间 /a | 水驱年产油量 /$10^4$m$^3$ | $CO_2$ 驱年产油量 /$10^4$m$^3$ |
| --- | --- | --- |
| 1 | 14.93 | 7.46 |
| 2 | 14.93 | 22.5 |
| 3 | 13.44 | 20.3 |
| 4 | 12.09 | 18.3 |
| 5 | 10.88 | 16.4 |
| 6 | 9.79 | 14.8 |
| 7 | 8.81 | 13.3 |
| 8 | 7.93 | 12.0 |
| 9 | 7.14 | 10.8 |
| 10 | 6.43 | 9.7 |
| 11 | 5.78 | 8.7 |
| 12 | 5.21 | 7.9 |
| 13 | 4.68 | 7.1 |
| 14 | 4.22 | 6.4 |
| 15 | 3.79 | 5.7 |

$CO_2$ 驱气油比计算：将 Ⅲ 类油藏基础参数和产量剖面等代入，求取油藏含气和含油饱和度变化情况，再得到气、油相对渗透率，最后代入估算自由气相引起生产气油比和油藏生产气油比。$CO_2$ 换油率计算：将 Ⅲ 类油藏基础参数和水气段塞比等注入参数代入式（3-211）即可得到换油率变化情况（表 3-14）。

表 3-14　Ⅲ类油藏 $CO_2$ 换油率和气油比

| 开发时间 /a | 气油比 /（$m^3/m^3$） | $CO_2$ 换油率 /（t/t） |
|---|---|---|
| 1 | 35 | 3.44 |
| 2 | 68 | 1.78 |
| 3 | 88 | 1.87 |
| 4 | 124 | 2.07 |
| 5 | 328 | 2.76 |
| 6 | 372 | 3.04 |
| 7 | 462 | 3.49 |
| 8 | 578 | 4.02 |
| 9 | 725 | 4.61 |
| 10 | 902 | 5.23 |
| 11 | 1106 | 5.89 |
| 12 | 1333 | 6.56 |
| 13 | 1579 | 7.25 |
| 14 | 1845 | 8.00 |
| 15 | 2126 | 8.77 |

将气驱产量剖面（表 3-13）、$CO_2$ 驱气油比和 $CO_2$ 换油率（表 3-14）三个变量代入式（3-210）可以得到历年的 $CO_2$ 同步埋存量（表 3-15）。

表 3-15　Ⅲ类油藏 $CO_2$ 同步埋存量

| 开发时间 /a | 注入量 /$10^4$t | 采出量 /$10^4$t | 同步埋存量 /$10^4$t |
|:---:|:---:|:---:|:---:|
| 1 | 25.7 | 0.0 | 25.7 |
| 2 | 40.1 | 1.9 | 38.2 |
| 3 | 38.0 | 2.7 | 35.3 |
| 4 | 37.8 | 4.1 | 33.7 |
| 5 | 45.3 | 12.1 | 33.2 |
| 6 | 45.0 | 12.6 | 32.4 |
| 7 | 46.4 | 14.3 | 32.1 |
| 8 | 48.1 | 16.4 | 31.7 |
| 9 | 49.7 | 18.8 | 30.9 |
| 10 | 50.7 | 21.2 | 29.5 |
| 11 | 51.4 | 23.6 | 27.8 |
| 12 | 51.6 | 25.7 | 25.8 |
| 13 | 51.3 | 27.6 | 23.7 |
| 14 | 50.9 | 29.1 | 21.9 |
| 15 | 49.3 | 31.0 | 18.2 |

根据本文方法，15 年评价期内 $CO_2$ 驱累计产油 $181.3×10^4$t，累计注入 $CO_2$ 量 $682.3×10^4$t，累计采出 $CO_2$ 量 $240.5×10^4$t，$CO_2$ 累计同步埋存量 $441.8×10^4$t，评价期内 $CO_2$ 埋存率 64.8%，$CO_2$ 换油率 3.76t/t，与同类型油藏 $CO_2$ 混相驱矿场试验结果吻合。

适合我国油藏特点的 $CO_2$ 驱油与埋存潜力评价方法可概括为：油藏筛选（技术性 → 经济性）→ 三参量计算（产量、气油比和换油率）→ 同步埋存量计算。其中，前面两步为油藏资源潜力评价内容，同步埋存量计算中产量预测为 $CO_2$ 驱增油潜力评价内容，最后一步为真正意义 CCUS 项目 $CO_2$ 埋存量评价内容。

▶▶ 参考文献 ▶▶

［1］王高峰，秦积舜，胡永乐．低渗透油藏气驱"油墙"物理性质描述［J］.科学技术与工程，
2017，17（1）：31-37.

［2］胡永乐．注二氧化碳提高石油采收率技术［M］.北京：石油工业出版社，2018.

［3］王高峰，秦积舜，黄春霞，等．低渗透油藏二氧化碳同步埋存量计算［J］.科学技术与工程，
2019，19（27）：148-154.

［4］王高峰，祝孝华，潘若生．CCUS-EOR 实用技术［M］.北京：石油工业出版社，2022.

［5］王高峰，秦积舜，孙伟善．碳捕集、利用与封存案例分析及产业发展建议［M］.北京：化学工
业出版社，2020.

# 第四章　CCUS-EOR 油藏工程设计技术应用

CCUS-EOR 油藏工程设计技术是 CCUS 油藏资源潜力评价、CCUS-EOR 开发规划编制、CCUS-EOR 开发方案设计和 CCUS-EOR 开发生产动态分析不可或缺的关键技术。本书第三章介绍的气驱油藏工程方法具有实用、快捷、可靠特点，因而基于气驱增产倍数概念的设计方法为《中国石油天然气股份有限公司 CCUS-EOR 开发方案编制和管理指导意见》推荐采用。

本章重点举例说明了气驱油藏工程方法在资源潜力评价、开发方案设计和生产动态分析中的应用。

## 第一节　气驱油藏工程设计技术评述

气驱过程的复杂性使人们采用多组分气驱数值模拟技术预测气驱生产指标，数值模拟成为目前国内进行气驱油藏工程研究的主要手段。但多年来的工作经验表明，我国低渗透油藏气驱数模预测结果与实际不符问题突出[1-2]。

从渗流力学方程组出发，对气驱数值模拟可靠性做出分析。数值计算的每一步需要用到相对渗透率曲线、油藏参数、相态参数这 3 类参数，以及 1 种渗流力学数学模型，那么结果的可靠性就取决于 4 种因素。与之对应，多组分气驱数值模拟技术融合了体现三维地质建模技术、注入气/地层油相态表征技术、油/气/水三相相对渗透率测定技术、多相多组分气驱渗流力学数学描述四项内容。

由于气驱油藏数值模拟技术自身存在的上述问题，著者在基于油藏数值模拟编制了几个 $CO_2$ 驱开发方案并跟踪对比注气矿场试验效果后，转向了气驱油藏工程方法研究，历时十年终于建立了一套用于气驱生产指标可靠预测的实用油藏工程方法体系。针对气驱产量或气驱采油速度、低渗透油藏气驱采收率、气驱综合含水率及最大下降幅度、气驱油藏见气见效时间、高压气驱"油墙"几何规模与气驱稳产年限、气驱"油墙"物理性质与生产井的合理流压、气驱的经济合理井网密度与经济极限井网密度、适合 $CO_2$ 驱低渗透油藏潜力评价方法、气驱注采比、单井日注气量、注入压力和井筒流动剖面、水气交替段塞比等关键注气工程参数，建立了一个新的计算方法。这些参数的预测是气驱开发方案设计所必需的，要以系统完整的低渗透油藏气驱开发理论方法为依据才能计算得到，以快速编制可靠的注气开发方案（基于气驱油藏工程方法的注气开发方案编制时间约需 2~3 周，而基于数值模拟技术的则需要 2~3 个月）。

目前，我们已建立了成套的气驱生产全指标预测油藏工程方法体系，为气驱生产指标预测提供了有别于数值模拟技术的新途径。由于气驱油藏工程方法具有实用、快捷、可靠的特点，本章主要围绕气驱油藏工程方法在资源潜力评价、开发方案设计和生产动态分析中的应用进行阐述。

## 第二节　CCUS-EOR 资源潜力评价

### 一、二氧化碳驱低渗透油藏筛选程序

Taber 曾指出"筛选标准的作用在于从大量油藏中粗略地筛选出更适合注气的油藏，以节省油藏描述和经济评价的昂贵费用"，其所指粗略筛选以现有标准为依据。当出现新的筛选指标时，可发展上述认识。我们建议国内注气区块筛选应遵循如下程序。

（1）初次筛选或技术性筛选。主要关注油藏条件下实现混相驱和注气建立有效注采压力系统可能性，着重考查油藏流体性质和储层物性等静态指标，初次筛选沿用现有筛选标准（表 4-1）。

（2）二次筛选或经济性筛选。仅针对通过初次筛选油藏进行，主要关注混相驱开发经济效益问题，着重考查气驱经济极限单井产量和气驱见效高峰期单井产量，筛选标准为式（3-203）。其中，气驱见效高峰期单井产量用式（3-199）

预测，气驱经济极限单井产量算法用式（3-194）至式（3-196）计算，应用时须严格二次筛选指标，比如采用较高递减率和单井投资，确保注气经济效益。

表 4-1　$CO_2$ 驱油藏初次筛选标准

| 油藏参数 | 建议取值 |
|---|---|
| 深度 /m | ＞ 800 |
| 温度 /℃ | ＜ 121 |
| 原始地层压力 /MPa | ＞ 8.5 |
| 绝对渗透率 /mD | ＞ 0.5 |
| 地面原油密度 /（g/cm$^3$） | ＜ 0.89 |
| 地层油黏度 /（mPa·s） | ＜ 6 |
| 含油饱和度 /% | ＞ 35 |

（3）可行性精细评价。对象为通过二次筛选的油藏，主要任务是进行油藏描述（着重研究注采连通性）、数值模拟和油藏工程综合研究，编制注气方案，全面获得注气工程参数和经济指标，精细评价备选区块的注气可行性。

（4）最优注气区块推荐。主要任务是组织相关学科专家审查（3）中各区块的注气方案，论证并推荐最适合注气的区块。

通过上述 4 个步骤，确保最终筛选的注气方案的经济可行性，这一程序可称为"注气区块 4 步筛查法"。目前的气驱油藏筛选方法缺少第 2 个步骤，即二次筛选或经济性筛选，在现行体制及技术水平下很容易造成注气选区失误。

**二、油藏筛选方法的应用示例**

**1. 初次筛选**

近年来，中国石油在吉林油田开展了 $CO_2$ 驱先导试验和扩大试验，目前处于工业化应用阶段，并拟在某地区 17 个区块推广 $CO_2$ 驱技术。根据采出程度和油藏物性差别，将 17 个区块分为 5 种类型，5 类油藏同属正常温压系统，原油密度在 0.855~0.870g/cm$^3$，代表性试验区分别为 F48、H59、H79 南、H79 北和 H46（表 4-2）。

根据初次筛选标准（表4-2），5类油藏均适合$CO_2$驱，覆盖地质储量$2879×10^4t$。

表4-2　初次筛选所需油藏静态参数

| 油藏分类 | 代表性试验 | 埋深/m | 渗透率/mD | 含油饱和度/% | 地层油黏度/mPa·s | 油藏温度/℃ | 地质储量/$10^4t$ | 采出程度/% |
|---|---|---|---|---|---|---|---|---|
| Ⅰ | F48 | 1700~1850 | 0.7~1.1 | 53.0~55.0 | 3.0~4.0 | 85.1 | 530 | 0~1.0 |
| Ⅱ | H59 | 2200~2500 | 1.5~5.0 | 54.0~56.0 | 2.0~2.5 | 98.9 | 508 | 3.0~4.8 |
| Ⅲ | H79南 | 2100~2500 | 4.0~15.0 | 50.0~53.0 | 2.0~2.4 | 97.3 | 425 | 9.0~12.0 |
| Ⅳ | H79北 | 2100~2400 | 4.0~12.0 | 45.5~49.5 | 2.2~2.6 | 94.2 | 690 | 20.0~22.0 |
| Ⅴ | H46 | 2100~2350 | 5.0~20.0 | 45.0~47.5 | 2.2~2.7 | 97.8 | 726 | 25.0~27.0 |

**2. 二次筛选**

（1）$CO_2$驱经济极限单井产量计算。

首先根据待评价油藏含水率所处阶段判断属于哪种油藏注气类型，并选择相应的经济极限单井产量计算公式。Ⅰ类和Ⅱ类油藏采出程度低于5.0%，未注水或注水时间很短，油藏含水率尚未进入上升阶段，属于未动用—弱动用油藏，应选择式（3-196）计算$CO_2$驱经济极限单井产量；Ⅲ类油藏采出程在10%左右，已注水开发4年多，含水率正处于规律性快速升高阶段，属于水驱到一定程度油藏，应选择相应公式计算$CO_2$驱经济极限单井产量；Ⅳ类和Ⅴ类油藏采出程度高于20%，属于水驱成熟油藏，应选择相应公式计算$CO_2$驱经济极限单井产量。

以Ⅰ类油藏为例说明计算$CO_2$驱经济极限单井产量的过程。在$CO_2$驱工业化推广阶段须建立完善循环注气和集输系统，实现$CO_2$零排放，确保安全生产。测算Ⅰ类油藏单井固定投资400万元；Ⅰ类油藏扣除气价的吨油成本667元/t，$CO_2$价格240元/t，油价按4180元/t（95美元/bbl）；注采井数比0.28，年递减率用0.18。将扣除气价的吨油成本、气价、油价、递减率、单井固定投资、递减率和注采井数比代入相应公式，可计算出Ⅰ类油藏$CO_2$驱经济极限单井产量为 2.05t/d。同理可得到其余 4 类油藏的 $CO_2$ 驱经济极限单井产量（表 4-3）。

表 4-3　二次筛选经济极限单井产量计算结果

| 油藏分类 | 注采井数比 | 单井固定投资 /万元 | 年递减率 | 扣除气价吨油成本 /（元 /t） | 经济极限单井产量 /（t/d） |
|---|---|---|---|---|---|
| I | 0.28 | 400 | 0.18~0.25 | 667 | 2.05 |
| II | 0.30 | 450 | 0.18~0.25 | 640 | 2.31 |
| III | 0.32 | 340 | 0.15~0.20 | 790 | 2.13 |
| IV | 0.32 | 280 | 0.12~0.15 | 905 | 2.06 |
| V | 0.32 | 280 | 0.08~0.12 | 993 | 2.11 |

（2）气驱见效高峰期单井产量预测。

仍以 I 类油藏为例说明计算气驱高峰期单井产量的过程。首先计算气驱增产倍数。将 $CO_2$ 驱油效率 80.0%、水驱油效率 48.0% 和采出程度 1.0% 代入相应公式可求得气驱增产倍数为 1.68。由于 I 类油藏注气之前 1 年内平均单井产量为 0.7~1.1t/d（表 4-4）。据式（3-198），气驱见效高峰期单井产量为 1.17~1.85t/d。同理可得到其他 4 类油藏 $CO_2$ 驱见效高峰期单井产量（表 4-4）。

表 4-4　二次筛选气驱高峰期产量与经济性筛选结果

| 油藏分类 | 驱油效率 /% | | 气驱增产倍数 | 单井产量 /（t/d） | | | 经济可行性 |
|---|---|---|---|---|---|---|---|
| | 水驱 | $CO_2$ 混相驱 | | 注气前 | 气驱高峰期 | 经济极限 | |
| I | 48.0 | 80.0 | 1.67~1.68 | 0.7~1.1 | 1.17~1.85 | 2.05 | 不可行 |
| II | 55.0 | 80.0 | 1.49~1.50 | 2.5~2.8 | 3.75~4.20 | 2.31 | 可行 |
| III | 55.1 | 80.0 | 1.54~1.58 | 1.7~2.0 | 2.61~3.16 | 2.13 | 可行 |
| IV | 55.2 | 80.1 | 1.71~1.75 | 1.0~1.1 | 1.71~1.93 | 2.06 | 不可行 |
| V | 55.5 | 80.3 | 1.81~1.87 | 0.8~1.0 | 1.68~1.87 | 2.11 | 不可行 |

（3）气驱经济可行性判断。

根据气驱油藏筛选新指标即可判断各类油藏推广 $CO_2$ 驱可行性：Ⅰ类、Ⅳ类和Ⅴ类油藏经济极限单井产量高于高峰期单井产量，注气将没有经济效益，不宜实施 $CO_2$ 驱；仅Ⅱ类和Ⅲ类区块可推广 $CO_2$ 驱，且以Ⅱ类区块最为适合，二次筛选得到适合 $CO_2$ 驱地质储量为 $933 \times 10^4 t$，仅为初次筛选结果的 32.4%。

### 3. 可行性精细评价和注气区块推荐

选择通过二次筛选的区块进行注气可行性精细评价，编制注气方案，组织专家委员会论证注气参数和生产指标合理性，并推荐最适合 $CO_2$ 驱的区块。

由"注气区块 4 步筛查法"可选出 H59 和 H79 南 2 个区块。注气实践证明，两区块注气效果在 5 个代表性注气试验中为最好。

根据以上论述可知，现有气驱筛选标准缺乏判断注气是否具有经济效益的指标，低渗透油藏气驱数值模拟预测结果不可靠。气驱见效高峰期单井产量可通过气驱增产倍数乘以注气之前 1 年内水驱单井产量得到。气驱经济极限单井产量是评价期内整个注气项目盈亏平衡时对气驱见效高峰期油井生产能力的要求。若油藏工程预测气驱见效高峰期单井产量低于经济极限气驱单井产量，则目标油藏不适合注气。欲实现有经济效益的气驱开发，注气前的水驱产量必须足够高。

推荐的气驱油藏筛选方法为："技术性筛选 → 经济性筛选 → 可行性精细评价 → 最优注气区块推荐"。该"气驱油藏 4 步筛查法"适合中国油藏特点。应用结果显示，根据新方法所得 $CO_2$ 驱潜力与传统筛选方法的结果大不相同。建议按照新方法选择注气区块，提高试验成功率，增加注气在效益开发低渗透油藏方面的信心。

### 三、鄂尔多斯盆地油藏资源概况

陕甘宁蒙地区作为我国煤炭资源富集区，是我国规划的重要的煤炭生产基地，同时该地区也是我国现代煤化工发展的中心，煤电外送中心。在该地区集中了以煤为原料生产甲醇、烯烃、油、乙二醇等化工产品的大型煤化工企业。同时通过科学规划，几乎所有的大型煤化工企业都集中在重要的产业园区，为大规模的 $CO_2$ 捕集、净化、输送及驱油提供了便利条件。在一个工业园区内选择合适的 $CO_2$ 输送起点，以园区内的煤化工企业捕集及净化的 $CO_2$ 作为稳定的碳源，可以保证 $CO_2$ 输送获得充足的碳源。鄂尔多斯盆地矿产资源丰富，石油资源量为 $128.5×10^8t$，天然气资源量为 $15×10^{12}m^3$，被称为"满盆气、半盆油"，鄂尔多斯盆地的油气勘探开发主要由中国石油、中国石化和延长石油等大型油气能源集团开展。

### 1. 中国石油长庆油田

中国石油长庆油田的主营业务是在鄂尔多斯盆地及外围盆地进行石油天然气及共生、伴生资源和非油气资源的勘查、勘探开发和生产、油气集输和储运、油气产品销售等。油气勘探开发业务遍及陕甘宁蒙地区，勘探区域主要在陕甘宁盆地，勘探总面积约 $37×10^4km^2$，矿产资源登记面积 $25.78×10^4km^2$，跨越 5 省区，登记地域范围 7 个盆地，占中国石油总登记面积的 14%，位居中国石油第二位。长庆油田探明地质储量分省统计图如图 4-1 所示。

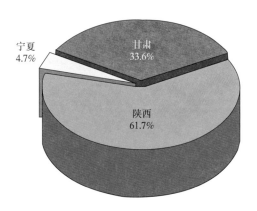

图 4-1　长庆油田探明地质储量分省统计图

长庆油田油气勘探开发建设始于 1970 年，累计探明石油地质储量约 $48×10^8t$，其中 95% 的储量分布在陕西和甘肃两省，宁夏回族自治区约占 5%。陕甘宁蒙地区中国石油长庆油田油气资源情况简表见表 4-5。

表4-5　陕甘宁蒙地区中国石油长庆油田油气资源情况简表

| 公司 | 石油 /$10^8$t | 天然气 /$10^{12}$m³ |
|---|---|---|
| 中国石油长庆油田 | 48 | 7 |

长庆油田发育两套含油层系：侏罗系主要发育古地貌油藏，已开发的马岭、元城、红井子等油田以延安组、直罗组油层为主。三叠系主要发育三角洲岩性油藏，已开发的安塞、靖安、西峰、姬塬、华庆等油田均以延长组为主。长庆油田油气储量快速增长，每年给国家新增一个中型油田，中国陆上最大产气区和天然气管网枢纽中心，原油产量占全国的1/10，天然气产量占全国的1/4。2009年长庆油田油气当量突破3000×$10^4$t，超过胜利油田成为国内第二大油气田，2011年长庆油田年产油气当量突破4000×$10^4$t，达到4059×$10^4$t。2012年，长庆油田全年累计生产原油2261×$10^4$t，生产天然气333×$10^8$m³，折合油气当量超过4500×$10^4$t，自此成为中国内陆第一大油气田。长庆油田2013年油气当量达到5000×$10^4$t，其中年产油2500×$10^4$t左右。

## 2. 中国石化华北油气公司

中国石化华北油气分公司在豫、陕、甘、宁、内蒙古、晋和新疆等地拥有4个油气生产基地、19个生产科研单位，拥有"陕—蒙鄂尔多斯盆地北部大牛地气田""甘肃鄂尔多斯南部镇原—泾川地区油气勘查"等油气勘探开发执行区块16个，总面积2.83×$10^4$km²，石油资源量11.74×$10^8$t、天然气资源量2.53×$10^{12}$m³。目前中国石化华北油气分公司产量以天然气为主，原油产量比较低。陕甘宁蒙地区中国石化华北油气分公司油气资源情况见表4-6。

表4-6　陕甘宁蒙地区中石化华北局油气资源情况

| 公司 | 石油 /$10^8$t | 天然气 /$10^{12}$m³ |
|---|---|---|
| 中国石化华北油气分公司 | 1.8 | 0.7 |

## 3. 陕西延长石油集团

陕西延长石油（集团）有限责任公司（简称"延长石油"）是集石油、天然气、煤炭等多种资源高效开发、综合利用、深度转化为一体的大型能源化工企业，隶属于陕西省人民政府。

延长石油源远流长，1905 年经清政府批准在陕西延长县创建"延长石油厂"，1907 年钻成中国陆上第一口油井，曾为中国革命和经济建设做出过重要贡献，被誉为"功臣油矿"，1944 年毛泽东同志题词"埋头苦干"予以鼓励。经过 1998 年和 2005 年两次重组，延长石油迈上了持续发展的快车道。2007 年原油产量突破千万吨大关；2010 年销售收入突破 1000 亿元；2013 年进入世界企业 500 强；2016 年生产油气当量 $1127 \times 10^4$t，生产化工品 $459 \times 10^4$t，年末总资产达到 3166 亿元，营业收入、财政贡献连续多年保持陕西省第一和全国地方企业前列。延长石油油气资源情况见表 4-7。

我国低渗透油藏单井产量低、递减快，投资成本增幅明显，开采效益面临很大压力。主力油田处于低采出、中高含水阶段，水驱开发形势严峻，稳产基础薄弱，能量补充方式比较单一，缺乏有效开发接替方式和明确的提高采收率对策。低渗透油田大幅度提高采收率是迫切需要解决的重大技术难题，发展 $CO_2$ 驱油技术，有望大幅度提高低渗透油藏采收率。

表 4-7　延长石油油气资源情况

| 公司 | 石油 /$10^8$t | 天然气 /$10^{12}$m$^3$ | 煤炭 /$10^8$t |
|------|------|------|------|
| 延长石油 | 30 | 0.5 | 150 |

### 四、鄂尔多斯盆地 CCUS-EOR 潜力评价

利用"气驱油藏 4 步筛查法"评价了鄂尔多斯盆地中国石油、中国石化和延长石油所属油田 $CO_2$ 驱油与封存的油藏资源潜力。

#### 1. 中国石油长庆油田

（1）技术可行潜力。

根据初筛选标准，长庆油田有望得到较高混相程度且可建立有效注采压力系统的技术可行潜力为 $21.5 \times 10^8$t。美国 $CO_2$ 驱项目平均地层油黏度为

1.2mPa·s，其中 80% 的项目地层油黏度不到 2.0mPa·s，建议长庆油田实施 $CO_2$ 驱仍针对地层油黏度低于 2mPa·s 的油藏，以确保实现混相驱，达到好的驱油技术效果。

在 $CO_2$ 技术可行潜力中，单井产量低于 2.0t/d 者占 62.7%，单井产量低于 1.0t/d 者占 18.8%。整体上，长庆油田有提高单井产量的空间和需求，其 $CO_2$ 技术可行潜力主要分布在靖安、姬塬和西峰、安塞、镇北、胡尖山等油田。

长庆油田 $CO_2$ 驱技术可行潜力分布如图 4-2 所示。

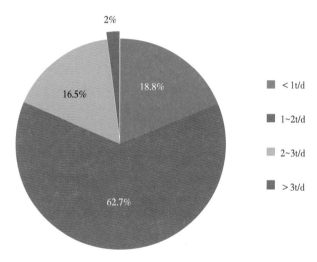

图 4-2　长庆油田 $CO_2$ 驱技术可行潜力分布

（2）经济可行潜力。

将注气见效高峰期持续时间视作稳产年限，注气见效高峰期产量即为稳产期产量。当产量递减率确定时，气驱项目评价期经济效益就取决于稳产产量，盈亏平衡时稳产期产量即为经济极限产量。若低渗透油藏气驱见效高峰期单井产量高于经济极限产量，则注气项目可行。欲实现有经济效益气驱开发，注气前水驱单井产量须足够高。通过计算反映整个项目盈亏平衡情况的经济极限单井产量，并与气驱见效高峰期（稳产期）单井产量计算方法进行对比，可以确定规模化应用条件下的经济可行潜力。

目前长庆油田注气试验用 $CO_2$ 价格高于 500 元 /t。假设将来实现管道输送，井口气价按 200 元 /t，换油率按 3.0t/t，则气驱经济极限单井产量在 1.7~3.6t/d 之间。气驱增产倍数在 1.52~1.81 之间，气驱见效高峰期单井产量在 0.86~6t/d 之间。据经济性筛选指标，经济可行 $CO_2$ 驱潜力约 $11.5×10^8t$；经济可行潜力主要分布在靖安、姬塬、西峰、安塞、镇北等油田。

（3）碳地质封存潜力。

长庆油田具有经济性的油藏潜力区域的采油速度约 0.8%，综合含水率约 57%。针对油藏条件较好的经济性油藏潜力进行 $CO_2$ 同步埋存潜力评价[3-4]。截至 2050 年，可累计封存 $3.69×10^8t$ $CO_2$，累计埋存率 73.4%，埋存系数（埋存于油藏的 $CO_2$ 量与油藏地质储量之比，本书采用体积比）0.385，年注气峰值近 $3000×10^4t$。如果国家给予重大政策支持，$21.5×10^8t$ 技术可行潜力全部转化为经济潜力，则碳封存潜力可达到 $6.9×10^8t$。

长庆油田潜力区的 $CO_2$ 驱年产油情况和气油比变化如图 4-3 所示，长庆油田潜力区的 $CO_2$ 驱年产油和年产气变化如图 4-4 所示，长庆油田潜力区的同步埋存量测算如图 4-5 所示。

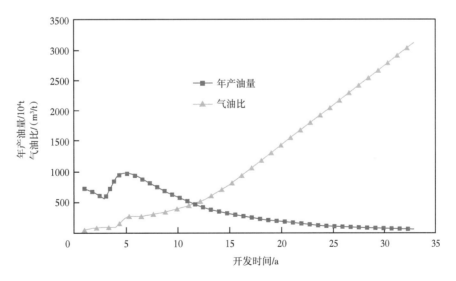

图 4-3　长庆油田潜力区的 $CO_2$ 驱年产油情况和气油比变化

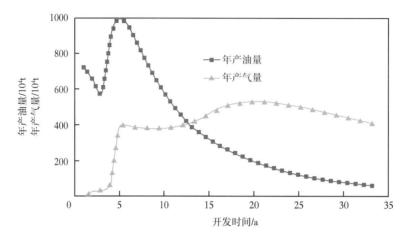

图 4-4　长庆油田潜力区的 $CO_2$ 驱年产油量和年产气量变化

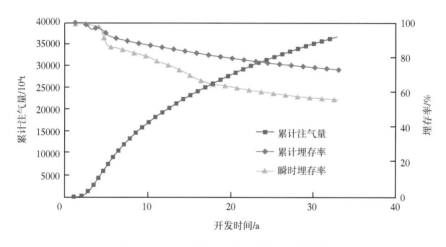

图 4-5　长庆油田潜力区的同步埋存量测算

## 2. 延长石油

（1）技术可行潜力。

通过对比前述技术筛选推荐标准，延长石油埋深超过 1000m 有望得到较高混相程度且有望建立注采压力系统的技术可行的地质储量为 $15.4×10^8t$，$0.5\sim10mD$ 占比 93.8%，单井产量 1t/d 以上储量占 28.6%，$4mPa·s$ 以下易混相储量 70%。

有望实现混相驱的技术可行潜力主要分布在志丹、吴起和定边等厂县，占比 81.6%。其他厂矿占 18.4%，如图 4-6 所示。

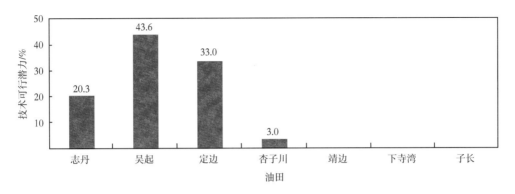

图 4-6 延长石油集团 $CO_2$ 驱技术可行潜力占比

（2）经济可行潜力。

实现有经济效益气驱开发，注气前水驱单井产量须足够高。根据本章第三节介绍的经济性油藏资源评价方法，通过计算反映整个项目盈亏平衡情况的经济极限单井产量，并与气驱见效高峰期（稳产期）单井产量计算方法进行对比，可以确定经济可行潜力。油价为 65 美元 /bbl，井口气价 200 元 /t，若 $CO_2$ 驱单井固定投资 150 万元，$CO_2$ 驱经济极限单井产量为 1.14t/d，经济可行潜力 $8.5×10^8t$。吴起、定边和志丹三个采油厂占比 97%；吴起、定边以超低渗透为主，油品好，埋深较大，实施 $CO_2$ 驱更为有利。

（3）碳地质封存潜力。

针对油藏条件较好的经济性油藏潜力，约 $8.5×10^8t$，进行评价。截至 2050 年，可累计封存 $2.36×10^8t$ $CO_2$，累计埋存率 76.5%，埋存系数 0.51，年注气峰值 $1500×10^4t$。如果国家给予重大政策支持，$15×10^8t$ 技术可行潜力全部转化为经济潜力，则碳封存潜力可达到 $4.5×10^8t$，年注气峰值 $2800×10^4t$。

2018 年陕西省碳排放量约 $1.8×10^8t$，碳排放增加速度追平 GDP 增速，GDP 增加速度按 10% 测算，则年碳排放增加约 $1300×10^4t$。那么，根据经济潜力整体实施的情况下，延长石油基本上可以消纳陕西省每年的碳排放增量。

延长石油潜力区的 $CO_2$ 驱年产油量、注气量情况和气油比变化如图 4-7 所示，延长石油潜力区的 $CO_2$ 驱年产油量和年产气量变化如图 4-8 所示，延长石油潜力区的同步埋存量测算如图 4-9 所示。

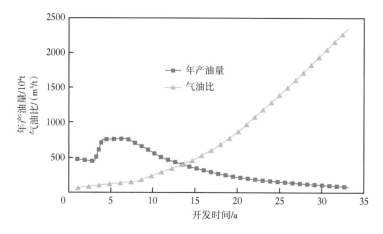

图 4-7　延长石油潜力区的 $CO_2$ 驱年产油情况和气油比变化

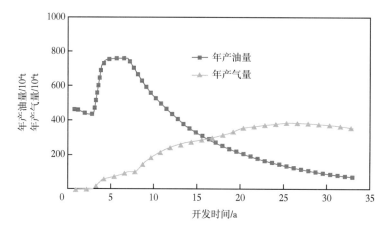

图 4-8　延长石油潜力区的 $CO_2$ 驱年产油量和年产气量变化

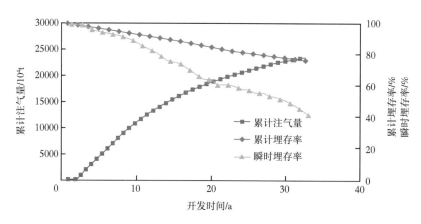

图 4-9　延长石油潜力区的同步埋存量测算

### 3. 中国石化华北油气分公司

中国石化华北油田分公司以天然气业务为主，目前天然气探明储量近万亿立方米，2019 年天然气产量约 $43\times10^8m^3$。本次论述 CCUS 技术应用主要关注驱油利用方向，中国石化华北油气分公司区域内探明石油地质储量相对较少，2019 年原油产量不到 $20\times10^4t$，故本次暂不将其作为主要对象进行详细评价。

综上分析，鄂尔多斯盆地 CCUS 技术可行油藏资源潜力 $36.9\times10^8t$，经济潜力 $18.1\times10^8t$，有望建成千万吨级 $CO_2$ 驱生产能力，CCUS 在鄂尔多斯盆地具有比广阔的产业前景。鄂尔多斯盆地结构稳定、构造简单、断层最不发育，是我国陆上实施 $CO_2$ 地质封存最有利和最安全的地区之一。据评价，鄂尔多斯盆地深部奥陶系灰岩盐水层可封存 $CO_2$ 达数十亿吨，盆地内盐水层总封存量可达数百亿吨；盆地内中国石油、延长石油和中国石化 $CO_2$ 驱油技术可行潜力约 $37\times10^8t$，油藏 $CO_2$ 封存量有望达到 $10\times10^8t$ 规模。鄂尔多斯盆地具有很大的 CCUS 潜力。从第二章可知，目前我国驱油类 CCUS 理论和技术基本成熟配套。未来 5~10 年是开展 CCUS-EOR 规模试验与工业化推广重要战略机遇期；也是陕甘宁蒙地区响应国家号召，实现绿色发展，打造大型碳减排基地的重要机会。

## 第三节　开发方案设计

### 一、二氧化碳驱目标油藏确定

#### 1. 源汇匹配

中煤陕西榆横煤化—靖边榆林能源化工—延长中煤榆林煤化—兖州煤业段（即北干线）全线位于陕西省境内，不涉及跨省碳转移等问题，直线距离约 170km，可满足输送 $900\times10^4t$ $CO_2$ 排放量，辅以次级干线方式供给安塞、靖安、华庆、姬塬、延长等主力油田，可以满足建成 $300\times10^4t/a$ $CO_2$ 油产量规模用气需求。延长石油已开展的 $CO_2$ 驱油试验分布在榆林到靖边、吴起沿线地区。沿上述北干线实施既能照顾到中国石油长庆石油 $CO_2$ 驱油技术规模发展需求，也能够满足延长石油用气需求，并且延长石油在建的 $36\times10^4t/a$ 的 $CO_2$ 长输管道也沿此路线；北干线可输送 $900\times10^4t$ $CO_2$ 排放量，大致可满足建成 $300\times10^4t/a$ $CO_2$ 油生产能力的用气需求，能够满足两家油田中长期 $CO_2$ 驱油技术需要。

### 2. 目标油藏

目标油藏确定方法整体上沿用适合 $CO_2$ 驱的油藏筛选方法，在源汇匹配合理路径内即北线附近选择。（1）要尽可能实现混相驱，选择目前地层压力达到或接近最小混相压力的区块。（2）要考虑到 $CO_2$ 驱规模扩大和推广，选择具有较大含油面积和规模的代表性油藏。（3）要照顾到改善油田开发效果、提质增效需要，选择在各油田公司具有代表性的区块作为 $CO_2$ 驱油和封存点；第四，还要考虑地面条件和碳源运输因素，选择源汇距离较近地形地貌条件相对较好的区块，减少工程量以确保经济性。

长庆油田具有在鄂尔多斯盆地实施 CCUS 的石油资源优势。目前长庆油田三叠系已开发的主要储层是长 6 和长 8。长 8 储层是主力上产储层，典型油藏为姬塬油田罗 1 区等，沉积相以三角洲前缘亚相沉积为主，储层物性差（孔隙度 9%~13%，渗透率＜ 1mD），以岩性油藏为主，储层非均质性较强，储层微裂缝也相对发育。

根据大庆油田和吉林油田已开展 $CO_2$ 驱的经验，有效储层横向连续性差的大庆芳 48 区块的渗透率约 0.6mD，吉林红 87 区块等品质过差的渗透率小于 0.3mD 的超低渗透储层等注气效果均不理想。长庆油田在基质渗透率 0.3mD 的黄 3 井区开展了 $CO_2$ 驱先导试验，但本区发育的微裂隙在高压注气开启后将贡献部分渗透率，见效井渗透率高于 0.3mD。这就是《中国石油天然气股份有限公司 CCUS-EOR 开发方案编制和管理指导意见》在试验选区中优先推荐综合渗透率高于 0.5mD 的油藏的原因。姬塬油田罗 1 区渗透率 0.85mD，递减率约 10%，通过实施 $CO_2$ 驱可扭转产量递减趋势。

### 二、罗 1 区油藏地质特征

#### 1. 罗 1 区概况

罗 1 井区于 2008—2010 年规模建产，主力层长 $8_1^1$，砂体连片性好，油层分布稳定。属于超低渗透开发早期油藏。动用含油面积 $124.65km^2$，动用

地质储量 $7012.2×10^4t$，储量丰度 $56.5×10^4t/km^2$，油藏埋深 2540m，地层温度 78.3℃，2015 年产油 $58.3×10^4t$，采出程度 5.37%，平均单井产量 1.3t/d。

### 2. 构造特征

罗 1 北部区是在东西向倾伏的低缓鼻状构造背景下，发育的多个幅度差在 10m 左右的微型构造。

### 3. 地层特征

目的含油层系为三叠系延长组长 8 油层，根据沉积旋回、曲线特征进一步细分长 $8_1^1$、长 $8_1^2$、长 $8_2^1$、长 $8_2^2$ 四个小层。主要含油小层为长 $8_1^1$，每个小层可细分成两个沉积单元，罗 1 井区以长 $8_1$ 为主，仅少量井钻遇长 $8_2$。

### 4. 储层特征

长 8 油层沉积环境为三角洲前缘亚相沉积，发育水下分流河道、分流间湾及前缘席状砂、河口坝微相，主要储油砂体为长 $8_1^1$ 的水下分流河道。长 $8_1^1$ 砂体钻遇率为 98.2%，横向分布稳定，厚度变化小，平均厚度 12.1m；长 $8_1^2$ 砂体发育差，横向变化快，纵向上可见 2~3 个单砂体，单砂体厚度 2~3m，平均叠合厚度 5.2m。长 8 油层隔层分布稳定，长 $8_1^1$ 小层顶部隔层厚度 44~108m，岩性灰黑色泥页岩、油页岩，全盆地发育，与长 $8_1^2$ 小层之间隔层厚度 6~23m，平均 14m。

### 5. 储层岩石学特征

长 8 储层岩石类型为灰色、灰褐色细—中粒岩屑长石砂岩、长石岩屑砂岩，石英为 30.5%，长石为 28.4%，岩屑 28.3%，填隙物总量平均值为 12.8%。粒度较细，平均粒径为 0.25mm，分选中—好，磨圆度主要表现为次棱，胶结类型以孔隙式胶结为主。长 8 储层敏感性矿物主要绿泥石，其次为高岭石和伊利石，少量为伊/蒙间层；敏感性实验分析结果：中等偏弱—弱盐敏、无—弱酸敏、弱速敏、中等偏弱—弱水敏、弱碱敏。

### 6. 储层物性特征

长 $8_1$ 油层岩心测试平均孔隙度为 9.2%，平均渗透率为 0.85mD，属于低孔隙度超低渗透储层，储层非均质性较强，变异系数为 0.89，突进系数为 4.78，级差为 44.4。

### 7. 储层微观特征

长 8$_1$ 油层孔隙类型以粒间孔和溶孔为主，平均孔径 29.3μm，总面孔率平均为 2.86%，平均喉道半径 0.15μm，排驱压力 1.74MPa，退汞效率 35.2%，喉道属于细喉型；属于小孔细喉型储层。

### 8. 裂缝型储层

罗 1 区主要发育构造缝和层理缝，裂缝密度 0.09 条 /m，地 199-48 成像测井见 2 条高角度裂缝，总体来说天然裂缝发育较弱，没有形成大规模的裂缝系统，主要为北东东向，其次为北北西向。

### 9. 流体分布与特征

油水分布受岩性控制，局部发育岩性水夹层，区块内基本为油层和油水同层，未见油水界面。地层水为 $CaCl_2$ 型，氯离子含量平均为 29150.7mg/L，总矿化度平均为 48.3g/L。原始气油比 85m$^3$/t，地层温度 78.3℃，原始地层压力 19.04MPa，饱和压力 9.01MPa，地饱压差 10.03MPa，压力系数 0.7，属于低压油藏。

### 10. 地质储量分布

长 8 油层的油水分布主要受岩性控制，区块内基本为油层和差油层，差油层多发育干层，未见油水界面，油藏埋深 2420~2540m。动用地质储量 7012.2×10$^4$t，油层主要集中在长 8$_1^1$，储量占比 80% 以上，是注气目的层。

### 三、油田水驱开发简况

姬塬油田罗 1 区长 8 油藏于 2008 试采并投产，2009—2011 年处于快速规模建产阶段，20011 年 9 月，油井数超过 1000 口。油层平均射开程度 55.0%，初期稳定产量 2.31t/d，长期趋势无稳产期。目前地质储量采出程度 8.96%，地质储量采油速度 0.5%，综合含水率约 49.5%，单井产量 1.35t/d，单井产量处于递减阶段，油田开发处于低渗透油藏中期开发阶段。2011—2012 年产油处于峰值，此后进入递减阶段。2012 年水井数开始缓慢增长，注采井网逐步完善，含水率开始逐步上升，整体上是直线升高趋势。整体以中低含水率为主，部分油井呈现裂缝见水特征，地层堵塞导致欠注现象较为突出，加之油藏非均质性强，平面上地层能量分布不均，剖面上注水井吸水剖面不均。地层压力保持水平83.6%，压力保持水平偏低；边角井压差小，压力平面上分布相对较均衡。水井平均注水压力 14.7MPa，井底流压在 40MPa 左右。由于井网调整和生产井数变化，历年平均单井产量服从指数递减规律，递减率 9.74%。部分生产井"水窜"或"台阶式"含水上升特征，单井产液量整体上呈现先降后升趋势，符合一般规律。实施 $CO_2$ 驱有望显著改善开发效果。罗 1 区综合含水率变化情况如图 4-10 所示，罗 1 区单井产量变化情况如图 4-11 所示。

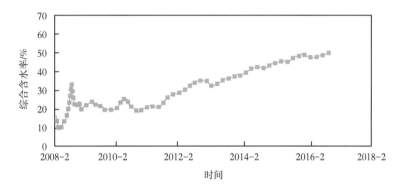

图 4-10　罗 1 区综合含水率变化情况

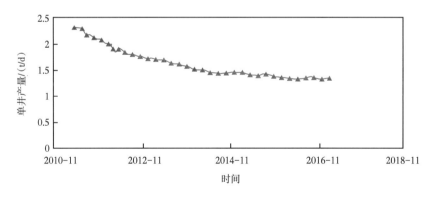

图 4-11　罗 1 区单井产量变化情况

## 四、二氧化碳驱油藏工程设计

通常 $CO_2$ 驱油藏工程设计仍然采用混合水气交替联合周期生产气窜抑制技

术（HWAG-PP）的方案设计模式，如图 4-12 所示。"HWAG-PP"技术特点是注重注采联动配合、注重水动力学调整，对于快速抬升地层压力，扩大注入气波及体积的气驱开发技术模式被证明是高效的，在国内气驱开发研究和低渗透油藏注气生产实践中得到了多次应用。"HWAG-PP"的技术内涵如下：

（1）混合水气交替（HWAG）。先注入一个大 $CO_2$ 段塞，然后再逐步减小段塞或交替周期实施水气交替的做法被称为混合水气交替。

（2）周期生产（PP）。周期生产，即生产井的间开间关。

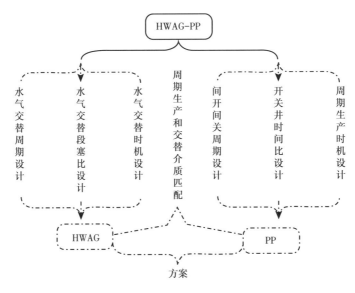

图 4-12　气驱方案设计技术模式

（3）HWAG-PP。在注入井实施混合水气交替（HWAG）扩大波及体积的基础上，联合油井的周期生产（PP），既起到进一步控制气窜的作用，又起到快速抬高地层压力强化混相的作用。这种注采联动扩大波及体积的气驱模式命名为：混合水气交替联合周期生产气窜抑制技术（HWAG-PP）。

### 1. 二氧化碳驱开发层系与井网

（1）气驱开发层系。

适合 $CO_2$ 驱的技术可行潜力区油藏具有以下典型特征：所选择潜力区的储层渗透率在 0.6~3mD 之间，油气藏压力系数普遍偏低在 0.7~0.85 之间，三叠系油藏地下原油黏度在 1.0~4.0mPa·s 之间。基本上都可以实现混相/近混相驱油。储层孔隙结构复杂，非均质性强，微裂缝发育，并且注气目的层的石油储量丰度在 $30×10^4~50×10^4t/km^2$ 之间。长庆油田储层物性差，非均质性强，裂缝发育，注入水沿裂缝和高渗透条带等优势渗流通道窜流和突进，水驱波及体积低，整体标定采收率仅 21.1%，三叠系采收率仅 19.6%，与国内其他油田对比，水驱采收率相对较低。类似地，延长油田采收率也很低，标定平均值仅有 10.9%。

总之，区域内储量丰度低，采收率低，渗透率级差不大，适合采用一套井网一套开发层系进行 $CO_2$ 驱开采，而采用两套及以上开发层系是难以保证经济性和利润最大。此外，目前水驱井网已经形成，再打一套井网在经济上也不可行。

（2）$CO_2$ 驱井网密度。

特低渗透油藏注气实践发现，气驱采取较大的井距，比如 500m 虽然可以见效，但井网密度还要考虑 WAG 阶段的注水对于井距的要求，过大的井距离对于水气交替注入阶段的水段塞注入和起作用是很难的。并且，井网过稀、井距过大，不利于获得较高的气驱或水驱采收率。

以潜力区块平均渗透率 2.0mD，储量丰度 $50×10^4t/km^2$ 为例，利用以上模型研究了 $CO_2$ 驱经济性极限和经济最优井网密度随吨油操作成本的变化情况，发现经济合理井网密度约为 12~16 口 $/km^2$，并且经济极限和经济合理井网密度窗口较狭窄，井距在 250~300m 之间可以接受，可以采取 270m 左右的井距。井网密度和吨油成本的关系如图 4-13 所示，气驱井距与吨油成本的关系如图 4-14 所示。

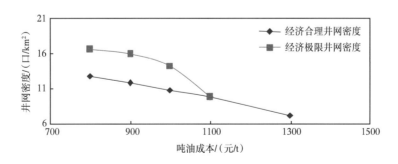

图 4-13　井网密度与吨油成本的关系

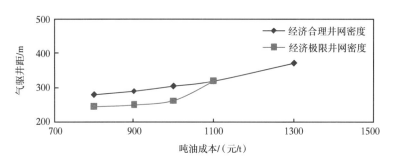

图 4-14　气驱井距与吨油成本的关系

按"增量法"不考虑时间因素测算井网密度对注气项目经济性的影响。在水驱吨油操作成本 800 元/t，$CO_2$ 驱新增吨油操作成本 1000 元/t，$CO_2$ 驱提高采收率幅度为 10% 的情况下，计算了不同油价下罗 1 区的气驱井网密度或平均注采井距情况（表 4-8）。可以发现，油价越低，越不支持密井网；油价 60~70 美元/bbl 时，罗 1 区平均注采井距 257~297m。油价过低时，已经不适合实施 $CO_2$ 驱。此外，井网井距还要考虑 WAG 注入阶段的注水对于井距的要求，过大的井距将使注水困难。

表 4-8　不同油价下的井网密度或平均注采井距测算

| | 油价/（美元/bbl） | 60 | 65 | 70 |
|---|---|---|---|---|
| 罗 1 区 | 井网密度/（口/km²） | 7.9 | 11.5 | 15.1 |
| | 平均注采井距/m | 356 | 295 | 257 |

罗 1 区目前平均注采井距 285m 根据前述两种方法的测算结果，区块井网密度没有大的调整余地。将来根据需要，可对注气井网进行局部调整。

（3）注气井网类型。

井网类型主要取决于油藏开发方式和油藏砂体展布和裂缝发育情况。吉林油田低渗透油藏开发常用反七点井网，黑 59 区块裂缝方向为东西向，采用反七点法井网；大庆油田常用方形反五点法井网，适应东西向裂缝条件，可见到明显效果；长庆油田常用菱形反九点法井网，长庆油田北东向裂缝很常见，注水沿着裂缝主方向运动，造成裂缝型见水和含水率分布情况在生产中很常见，比如王窑老区长 6 油藏含水率分布情况，白马南区含水率分布、五里湾一区长 6、杏河北区含水率分布含水率情况都有类似特征。水驱采用转向方形或菱形反九点井网是应对这些情况的主要手段，以有效减缓含水率升高，取得相对好的开发效果。注气情况也是一样，必须采用适应性井网类型。

长庆靖安油田五里湾一区沿用转向的反九点井网空气泡沫驱油试验见到注气效果；延长油田靖边乔家洼 $CO_2$ 驱试验区井网不规则，主要有四点法、反七点法和五点法等井网类型，注气反应明显，产量增加明显，取得了良好效果。此外，现有井网已经形成，且井况良好，比如姬塬、华庆等 2000 年以后开发的油田。整体舍弃现有井网，再行部署一套新井网专门实施 $CO_2$ 驱在经济上并不可行。沿用现有井网，根据实际情况打更新井或进行井网调整则是比较通行的做法。

### 2. 地层压力保持水平

注气开发有混相驱、非混相驱等驱替方式，这取决于地层压力的水平、油藏温度，还有地层流体以及注入流体的性质。混相驱条件下，驱油效率较高，采收率较高。对于 $CO_2$ 驱来说，地层压力水平是否高于最小混相压是决定是否可实施混相驱的唯一因素，也是驱油效果的控制性因素。国际上确定最小混相压力通常采用和实际更加接近的细管实验。

细管实验表明，姬塬油田罗 1 区果 $CO_2$ 驱最小混相压力 19.8MPa，略高于原始地层压力。注气可以快速大幅度补充地层能量，该油藏具备实施混相驱的条件，可保证较高的驱油效率和气驱采收率。实际应用时，地层压力应在最小混相压之上，可取 20~21MPa，罗 1 区油藏平均埋深 2540m，目前地层压力 15.9MPa，通过实施 $CO_2$ 驱，将地层压力抬高 5.0MPa 以上，实现混相驱具有可行性。

### 3. 单井注入量

（1）气驱注采比。

我国低渗透油藏油品较差、埋藏较深、地层温度较高，混相条件更为苛刻。

中国注水开发低渗透油藏地层压力保持水平通常不高，为保障注气效果，避免"应混未混"项目出现，在见气前的早期注气阶段将地层压力提高到最小混相压力以上或尽量提高混相程度势在必行。中国气驱油藏管理经验不够成熟，气窜后也面临着确定合理气驱注采比以优化油藏管理的问题。中国低渗透油藏注气开发中，气驱注采比设计具有特殊的重要性。利用第三章第四节的方法确定气驱注采比。根据罗1区油藏地质参数和生产数据情况，测算注采比如图4-15所示，早期注采比比较高，约3.0。地层压力升高以后，注采比须要适当下降，主要是裂缝系统的浪费。由于地质认识的局限性，计算注采比和实际会有所不同，须在实施后特别是见气后，结合生产动态资料进行优化调整，以适应气驱油藏管理需要。

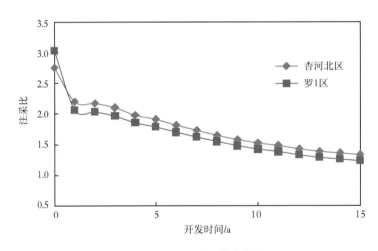

图4-15 $CO_2$驱注采比变化情况

（2）注气早期单井日注入量。

若注入量过大，井底流压会超过地层破裂压力，形成裂缝，并导致沿裂缝快速气窜，井组范围地层能量得不到补充，单井产量难以提高，注气反应过慢，或注入量过高造成井底沥青析出，堵塞孔道，影响注气能力。若注入量太低，地层能量补充太慢，单井产量提高困难，注入量低，地层压力起不来，混相驱难以实现，采收率可能比水驱还要低。总之，存在最佳注入量问题。若干$CO_2$

驱试验早期配注情况如图 4-16 所示。

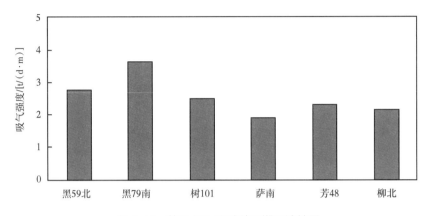

图 4-16　若干 $CO_2$ 驱试验早期配注情况

国内实施 $CO_2$ 驱油藏吸气强度都在 2.5t/（d·m）附近，可保证较快恢复地层压力。单井日注气设计方法为：$q_{ing}=2.5h_e$。

罗 1 区主力层为长 $8_1^1$，平均有效厚度约 10.5m，则单井日注气量为 26.3t/d。杏河区主力层为主力层为长 $6_1^2$ 和长 $6_2$，平均有效厚度约 12.1m，则单井日注气量为 30.2t/d。按上述设计可以保证地层压力快速恢复。建议在 $CO_2$ 驱早期注入阶段，罗 1 区单井日注 $CO_2$ 量 26t/d，杏河单井日注 $CO_2$ 量 30t/d。

统计了注气强度在 2.5t/（d·m）时几个 $CO_2$ 驱项目的地层压力变化情况（表 4-9），可以看到地层压力升高从 4.0MPa 到 9.2MPa 不等，黑 59 区块注气压力升高量超过 9.0MPa，黑 79 南升高幅度较小是由于供气不足和工作制度不合理（生产井没有采取周期生产或显著降低采油速度的做法），造成无法混相，影响了 $CO_2$ 驱开发效果。这些注气项目地层压力平均升高 6.6MPa。因此，只要注采井采取合理的工作制度，可以预计杏河北区地层压力从 10MPa 升高到接近 16.6MPa 实现近混相—混相驱，罗 1 区地层压力从 16.0MPa 升高到 19.8~22.6MPa 实现混相驱是完全有把握的。此外，靖安油田五里湾一区空气泡沫驱先导试验的地层压力升高 3.0MPa，这表明在鄂尔多斯盆地，尽管裂缝系统发育，但通过注气可以使地层压力得到有效升高。

表 4-9  若干 $CO_2$ 驱试验注气前后地层压力变化情况

| 区块 | 黑 59 北 | 黑 79 南 | 树 101 | 柳北 | 平均 |
|---|---|---|---|---|---|
| 地层压力升高量 /MPa | 9.2 | 4.1 | 6.0 | 7.0 | 6.6 |

混合水气交替联合周期生产气窜抑制技术（HWAG-PP）被证明是更高效的气驱生产技术模式，在东部油藏 $CO_2$ 驱方案设计和实施过程中得到多次应用。在早期注气阶段，注气井充分注气，配合油井周期生产或降低采油速度生产，可以快速恢复地层压力。

（3）见气见效后单井注气量。

罗 1 区 2016 年度水驱注采比为 2.29，杏河北区 2016 年度水驱注采比为 2.12。两个区块的地层压力保持程度均在 80% 左右。我国东部的吉林、大庆油田同类型油藏的注采比达到 1.4~1.5 即可使地层压力保持在 80% 左右。低渗透油藏注入水利用率偏低，裂缝型低渗透油藏注入水利用率则更低。鄂尔多斯盆地的天然裂缝发育，将相当一部分注入水疏导至油藏外部，注入水利用率仅相当于东部油藏 65%~70% 的水平。沿着裂缝流失的注入水不能够算作用于驱油。$CO_2$ 驱过程也是类似的，仍然会发生注入的 $CO_2$ 沿裂缝方向窜进，比如吉林油田黑 59-6-6 井和黑 59-4-2 井注入气不到两周即窜逸到 480m 远的井中，还有腰英台油田也观察到注入 $CO_2$ 沿裂缝运动。因此，鄂尔多斯盆地天然裂缝发育区块在 $CO_2$ 驱早期注气设计时，注采比要大大高于裂缝发育较弱的东部油藏的情况。东部大庆和吉林等实施 $CO_2$ 驱油藏早期注采比在 1.8~2.2 之间，可按 2.0 进行测算，则鄂尔多斯盆地天然裂缝发育区块的 $CO_2$ 驱注采比则须要达到 2.9 的水平。

罗 1 区单井平均日产油 1.35t，单井平均日产水量 1.35t，含水率约 50%，注采井数比 1：2.8，油藏温度 80℃，见气见效后目标地层压力 20MPa，$CO_2$ 地下密度 0.6t/m³，则单井日注气量 19.4t。

（4）水气交替阶段单井注水量。

注气方式仅分为连续注气和水气交替注入两种。水气交替注入是与气介质连续注入相对的一个概念，周期注气或脉冲注气可视为水气交替特殊形式（水段塞极小）。实践表明，水气交替注入是改善油藏气驱效果最经济有效的做法，主要机理为提高驱替相黏度，改善流度比，抑制气窜并扩大波及体积（图4-17）。

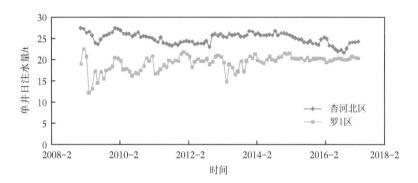

图 4-17　两个区块单井日注水量变化情况

注水量设计参照历史注水情况。罗 1 区历史单井日注水量 20.2m$^3$，杏河北区单井日注水量 25.1m$^3$。在水气交替注入阶段，日注水量仍沿用此值。

### 4. 超临界二氧化碳注入压力

（1）理论依据。

准确预测注入井井底流压是 $CO_2$ 驱工程计算和分析的基础性工作。有井口注入压力和井口流温数据可预测井底流压。通常井底流压可以由井筒内液／气柱压力加上井口流压得到，也可以利用一些经验公式进行估计。这些经验方法虽简单，却误差较大，可靠性较差。最为有效的预测技术是基于动量定理和热传导理论。考虑局部损失的压力方程、带摩擦生热的 Ramey 井筒传热方程、考虑多组分凝析的气井流动剖面预测模型见第一章。

（2）注入压力和流压的关系。

根据安塞、华庆、华庆、姬塬等目标油田地层温度和埋深，年平均气温取 13℃，可计算出油藏潜力分布区的地层温度梯度约 2.57℃/100m，在此基础上，采用管流模型预测注气井筒沿程压力分布情况（图4-18和图4-19）。注气压力既要保障有效注入，也要防止超破裂压力注气。由于百万吨注入规模大，不适合采用罐车拉运和液相注入，宜于采用长距离管道超临界输送和注入。

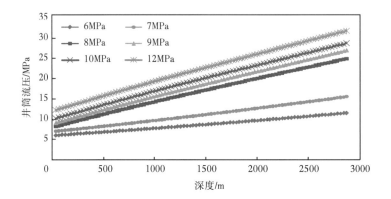

图 4-18　不同注入压力下的井筒流压分布（井口 30℃）

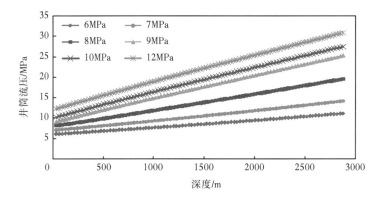

图 4-19　不同注入压力下的井筒流压分布（井口 35℃）

延长油田乔家洼 $CO_2$ 驱先导试验区于 2012 年 9 月投注，目前累计注入 $CO_2$ 超过 $5×10^4t$，井口注入压力小于 9MPa，生产井注气反应明显，增产明显。因此，延长油田目前采用的液态注入经验并不能用于超临界注气项目。吉林油田黑 46 区块目前采用了超临界注气，但由于温度梯度与鄂尔多斯区块区别较大，故本次项目只能重新设计与计算。

潜力区油藏埋深大致可以分为五类，包括安塞王窑区埋深 1200m 左右、安塞杏河区埋深 1500m 左右、靖安白于山埋深 1800m 左右、姬塬洪德／马家山

/ 堡子湾和华庆庙巷区 / 温台区埋深 2100m 左右、姬塬罗一区和冯地坑埋深在 2500~2700m 之间。计算了超临界注入条件下，注入 $CO_2$ 纯度为 97%，上述五类代表性油藏埋深，满足不同需求井底压力与井口注入压力之间的对应关系。不同埋深油藏井口压力与井底流压关系如图 4-20 所示。

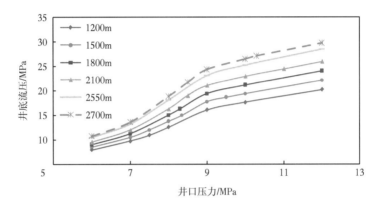

图 4-20　不同埋深油藏井口压力与井底流压关系（井口 35℃）

（3）目标油藏注气压力。

注入压力设计原则有三，一是保证正常注入，二是保障最大程度实现混相，三是留有余量，防止地层破裂。

本次注气设计给出满足不同需求的井底流压目标值：启动注入压力按现有地层压力加 0.5MPa 计，正常注气压力高于地层压力 10~15MPa。早期正常注气压力按保证井底流压高于目前地层压力 10~15MPa，地层压力升高到最小混相压力后，注气压力按保证井底流压比 MMP 高 5~10MPa。地层破裂压力系数取值 1.7MPa/100m。据此，计算得到不同情况下注入压力，见表 4-10 和表 4-11。

表 4-10　注入早期阶段满足不同需要的注入压力

| 区块 | 埋深 /m | 地层压力 /MPa | 启动注入压力 /MPa | 正常注入压力 /MPa | 破裂注入压力 /MPa |
|---|---|---|---|---|---|
| 罗 1 | 2550 | 16.0 | 7.7 | 10.5~14.0 | 23.5 |

表 4-11　地层压力升高到最小混相压力后满足不同需要的注入压力

| 区块 | 埋深 /m | 地层压力 /<br>MPa | 启动注入压力 /<br>MPa | 正常注入压力 /<br>MPa | 破裂注入压力 /<br>MPa |
|---|---|---|---|---|---|
| 罗 1 | 2550 | 19.8 | 8.4 | 10.0~13.0 | 23.5 |

从表 4-10 和表 4-11 可以看出，罗 1 区正常注气压力在 10.0~14.0MPa 之间。延长乔家洼试验区注气压力不高于 9.0MPa 即可满足需求，主要是因为注入 $CO_2$ 为液相，密度较大，液柱压力较高。由于注气过程是极其不稳定的，相邻两天内都有变化，吸气指数很难评价，且范围较宽，可取为吸水指数的 2~10 倍。气驱启动压力比水驱启动压力高，是因为通常 $CO_2$ 密度较低且有变化。吉林黑 46 区块埋深 2200m，超临界注入压力须在 14MPa 以上。超临界注气压力应根据油藏埋深和地层温度确定，坚决避免低压注气，防止"应混未混"项目出现。

### 5. 注水压力

罗 1 区物性较差，部分井的注入压力高达 18MPa，注水压力也逐渐升高，平均注水压力为 14.7MPa，地层压力约 16.0MPa，注水压差高达 23.7MPa。罗 1 区注入压力统计见表 4-12。

表 4-12　罗 1 区注入压力统计

| 井号 | 地 163-5 | 地 163-7 | 地 165-11 | 地 165-7 | 地 165-9 | 平均 |
|---|---|---|---|---|---|---|
| 注水压力 /MPa | 16.1 | 16.1 | 16.2 | 16.2 | 14.3 | 15.78 |
| 井号 | 地 167-11 | 地 167-9 | 地 169-11 | 地 169-13 | 地 171-13 | 平均 |
| 注水压力 /MPa | 14.8 | 12.7 | 12.3 | 12.0 | 16.0 | 14.67 |

### 6. 二氧化碳驱单井日产油量

（1）计算方法。

产量预测事关注气潜力、注气部署、产能建设规模与投资等重大问题，是气驱生产指标预测最重要的内容。一直以来，气驱生产指标预测主要是靠多组分数值模拟技术，但多年来的注气研究工作经验表明，数值模拟技术不能提供可靠预测。例如，红 87-2、芳 48、贝 14、黑 79 北等低渗透 $CO_2$ 驱试验区块数值模拟预测结果与生产实际严重不符（符合率 40.0%，误差率 60.0%），打击了注气积极性，也影响了气驱工业化推广进度。可能原因为：①实施方案本身不够可靠；②现场对于方案的执行不到位。研究认为第一种原因是主要的，比如黑 59 和黑 79 北小井距试验的产量地层压力已经超过了最小混相压力，实现了混相驱，单井产量仍远低于预测值。这就说明方案设计本身不够可靠，把没完成方案设计注气量作为生产指标没有达到的理由并不合适。低渗透油藏气驱多组分数值模拟预测生产指标可靠性往往低于 50% 可据概率论证明，详细见第二章第三节。

正因为低渗透油藏气驱数值模拟方法可靠性不到 50%，人们不得不转向气驱油藏工程方法研究，美国、加拿大和中国在这方面做了探索和研究。基于对低渗透油藏气驱提高采收率主要机理的认识，科研工人员找到了一种简单可靠的低渗透油藏气驱产量预测油藏工程方法。根据采收率等于波及系数和驱油效率之积这一油藏工程基本原理建立气驱采收率计算公式，并利用采出程度、采油速度和递减率的相互关系，通过引入气驱增产倍数概念得到了低渗透油藏气驱产量预测普适方法。低渗透油藏气驱增产倍数被定义为见效后某时间的气驱产量与"同期的"水驱产量水平之比（即虚拟该油藏不注气，而是持续注水开发）。

以黑 79 北小井距试验为例，注气时采出程度按 20%，水驱油效率 55%，混相驱油效率 80%（地层压力高于 MMP）。根据气驱增产倍数参数计算方法知，$R_1=80/55=1.455$，$R_2=20/55=0.364$，则气驱增产倍数：

$$F_{gw} = \frac{R_1 - R_2}{1 - R_2} = \frac{1.455 - 0.364}{1 - 0.364} = 1.715$$

统计了黑 79 北 26 口井生产情况，注气前水驱单井产量 0.8t，在高峰期平均气驱产量 1.4t/d，故实际气驱增产倍数为 1.4/0.8=1.75，可见该方法有较高的预测精度；而数值模拟方法误差 63%。

低渗透油藏气驱增产倍数计算方法自提出以来，得到了国内外 30 个注气项目的验证，并曾用于冀东油田柳赞北 $CO_2$ 驱扩大试验编制（2013 年）和长庆油田罗 1 区 $CO_2$ 驱先导试验方案编制（2014 年）。鄂尔多斯盆地 $CO_2$ 百万吨注入方案设计仍然用此法，原因是很难在较短的项目周期内开展大规模的气驱数值模拟研究，当然，主要还是因为低渗透油藏气驱数值模拟预测结果可靠性很差。

（2）罗 1 区 $CO_2$ 驱单井产量。

应用低渗透油藏气驱增产倍数工程计算方法预测罗 1 区 $CO_2$ 驱产量的步骤为：

①首先根据产量历史值获得递减规律，预测水驱产量变化情况。

②再将初始驱油效率和水驱采出程度代入式（3-34）求出气驱增产倍数。

假设罗 1 区开始注气时的采出程度按 8.4%，水驱油效率 50%；该区 $CO_2$ 驱后地层压力高于 MMP，可实现混相驱，混相驱油效率取 80%。

根据气驱增产倍数参数计算方法知，$R_1$=80/52=1.538，$R_2$=7.87/52=0.151，则气驱增产倍数：

$$F_{gw} = \frac{R_1 - R_2}{1 - R_2} = \frac{1.538 - 0.151}{1 - 0.151} = 1.634$$

③最后，将步骤①中水驱产量乘以气驱增产倍数即得气驱产量变化情况。

④根据目前油井数和 $CO_2$ 驱单井产量情况，可预测 $CO_2$ 驱生产能力。罗 1 区目前油井数 1078 口，$CO_2$ 驱见效高峰期单井产量 1.65t/d，则罗 1 区可建成 $CO_2$ 驱油生产能力 $64.8×10^4$t/a。

罗 1 区单井产量变化情况如图 4-21 所示，罗 1 区水驱与 $CO_2$ 驱产量变化情况如图 4-22 所示。

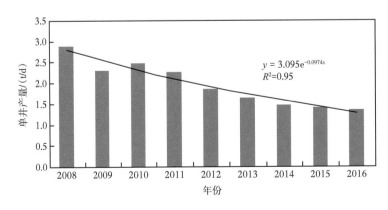

图 4-21 罗 1 区单井产量变化情况

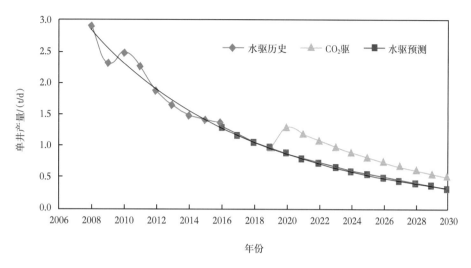

图 4-22　罗 1 区单井产量预测情况

### 7. 水气交替注入段塞比

（1）理论依据。

注气方式仅分为连续注气和水气交替注入两种。水气交替注入是与气介质连续注入相对的概念，周期注气或脉冲注气可视为水段塞极小的特殊水气交替形式。实践表明，水气交替注入是改善油藏气驱效果最经济有效的做法，主要机理为提高驱替相黏度，改善流度比，抑制气窜并扩大波及体积。因此，水气段塞比是注气驱油方案设计的一个重要参数。

驱替流度比控制水气交替注入单周期的水、气段塞的波及系数，注入水和气的波及系数决定了 WAG 注入单周期的水气段塞比下限。在满足稳定低渗透油藏地层压力需要时，水气段塞比的上限受控于单交替注入周期内的水气两驱注采比。水气交替注入单周期内地层压力的维持是通过气段塞对地层能量的补充和水段塞注入期间的地层能量损耗实现的，维持地层压力须控制水段塞注入时间。油墙集中采出阶段（稳产期主体）气段塞连续注入时间存在上限，避免自由气段塞窜进生产井。对特低渗透油藏，油墙集中采出阶段气段塞注入时间可采取水气段塞比约束下的注气时间上限；对于一般低渗透油藏，油墙集中采出阶段中后期须采用时间序列上的锥形气段塞组合。

（2）水气段塞比油藏工程确定方法。

将满足扩大注入气波及体积的水气段塞比作为下限，并将满足提高驱油效率的水气段塞比作为上限可得到低渗透油藏 WAG 注入阶段水气段塞比的合理区间。确定低渗透油藏合理水气段塞比与合理水气段塞比约束下的单个 WAG 周期内水气段塞连续注入时间的方法见第三章第二节。

当地层压力抬高到最小混相压力以上之后，特别是整体或井组生产动态进入见气见效阶段之后，须转入水气交替注入。因此，水气交替段塞比参数设计并非是地层压力升高阶段的过程参数，而是见气后扩大注入气波及体积的工程参数。水气段塞比确定需用到水段塞注入期间的水驱注采比，气段塞注入期间气驱注采比。罗 1 区 2016 年度水驱注采比为 2.29，杏河北区 2016 年度水驱注采比为 2.12。两个区块的地层压力保持程度均在 80% 左右。东部吉林、大庆油田同类型油藏的注采比达到 1.4~1.5 即可使地层压力保持在 80% 左右。理论上，注采比 1∶1 时即可使地层能量保持到原始水平，正如高渗透油藏表现的那样。基质型低渗透油藏注入水利用率比较低，裂缝型低渗透油藏注入水利用率则更低。鄂尔多斯盆地的天然裂缝发育，将相当一部分注入水疏导至油藏外部，注入水利用率仅相当于东部油藏 60%~70% 的水平，沿着裂缝流失水不能算作用于驱油。

据此，计算出罗 1 区和杏河北区不同气驱注采比下的水气交替注入段塞比变化情况，如图 4-23 所示。由于见气见效后的气驱注采比在 2.0 左右，由图 4-23 可知，气驱注采比 2.0 对应的罗 1 区水气段塞比为 1.20，杏河北区水气段塞比为 1.30。

（3）水气段塞比数值模拟研究结果。

针对罗 1 区 10 井组的小型区块开展的数值模拟显示，水气段塞比为 1.0 时，采出程度较高，采油速度较高，气油比上升速度较缓慢。罗 1 区不同 WAG 下气油比变化情况如图 4-24 所示。

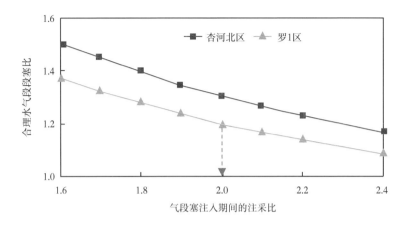

图 4-23　不同注采比下的合理水气段塞比

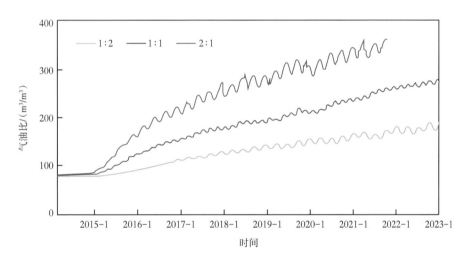

图 4-24　罗 1 区不同 WAG 下气油比变化情况

（4）水气段塞比约束下的连续注气时间。

根据前述研究，罗 1 区可建成 $CO_2$ 驱油生产能力 $64.8×10^4 t/a$，罗 1 区 $CO_2$ 驱油见气见效初期或见效高峰期采油速度约为 1.2%，主力层长 $8^1$ 采油速度约 1.35%。杏河北区可建成 $CO_2$ 驱油生产能力 $21.6×10^4 t/a$，罗 1 区 $CO_2$ 驱油见气见效初期或见效高峰期采油速度约为 0.756%，主力层长 $6_2^1$ 和长 $6_2$ 采油速度约 1.3%。

为确保混相，提出一个较为严格的限制：在 WAG 单周期内水段塞连续注入期间容许的地层压力降不超过 0.5MPa，对于适合注气低渗透油藏，将 $\Delta p_{wd}$ 取值为 1.5MPa。若水气交替太过频繁，易加速腐蚀，除了给注入系统造成负担，也会徒增加现场人员管理工作量和生产成本。

计算了保持地层压力稳定以及水气段塞比约束下，不同注采比对应的连续注气时间上限。气驱注采比 2.0 对应的罗 1 区连续注气时间上限为 38 天，杏河北区连续注气时间上限为 45 天，具体如图 4-25 所示。

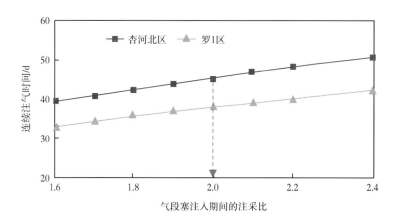

图 4-25　不同注采比下见气后连续注气时间

### 8. 二氧化碳驱综合含水率

注气对油藏含水有很大影响，注气时的油藏含水情况也影响着气驱生产动态。实际油藏含水情况变化复杂，影响因素繁多，有人工控制因素，有时间因素，更有油藏开发客观规律的反映。气驱含水变化特征可分为三种代表性类型：

（1）油藏含水率未进入规律性快速升高阶段就开始注气的情形，属于弱未动用油藏实施气驱类型；

（2）油藏含水率处于规律性快速上升阶段开始注气的情形，属于水驱动用程度较低油藏实施气驱类型；

（3）油藏含水率的规律性快速升高阶段结束之后开始注气的情形，属于水驱开发的成熟油藏实施气驱类型。按照第三章中气驱综合含水率下降幅度预测方法计算的综合含水率下降幅度一般在 10%~40% 之间。但实际生产中由于过早启动水气交替、边底水入侵或生产调整的影响，含水率"凹子"可能没有那么深；而油藏的复杂性以及注采工艺变化会使含水率"凹子"呈现多种形态，实际中出现 U 形、V 型、W 形等都是不足为奇的。三种情形的含水率"凹子"是气驱提高采收率效果的真正体现；而情形（2）的"凹子"出现之前综合含水率的第一次升高则是注气前水驱作用的继续表现；含水率上升加速则是地层能量补充的结果。情形（2）注气初期产含水率规律性升高阶段即便实施注气，油藏含水率升高且产量递减的发生是不可避免的。

由于注入介质由水改为气，含水率下降便是应有之义。假设项目建设资金充裕，百万吨注气工程建设期为 2 年，前面已经计算了罗 1 区和杏河北区两个区块的气驱增产倍数分别为 1.634 和 1.620。将相应年份的含水率数值代入气驱综合含水率及其下降幅度计算公式即可得到气驱综合含水率年度变化情况，如图 4-26 所示。

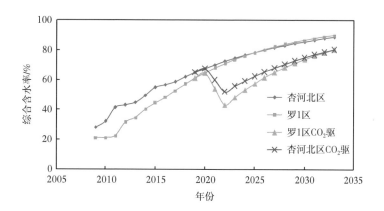

图 4-26 罗 1 区和杏河北区的 $CO_2$ 驱综合含水率变化情况

### 9. 二氧化碳驱生产气油比

注 $CO_2$ 驱油的生产气油比大致可以分为三个阶段，第一阶段是从开始注气到见气见效的时间段，第二阶段是从见气见效到开始整体气窜的时间段，第三阶段是整体气窜后的生产调整阶段。其中，计算油墙溶解气油比是关键。

根据第三章气驱生产气油比计算方法，发现混相 $CO_2$ 驱 "油墙" 溶解气油比要比地层原油升高 40~60m³/m³，"油墙" 泡点压力比原状地层油的泡点压力约高 4.0~6.0MPa。

罗 1 地层油溶解气油比 65.1m³/m³，体积系数 1.273，地面原油密度 831kg/m³，地层油密度 733kg/m³，根据上述方法可计算出 $CO_2$ 混相驱 "油墙" 溶解气油比可以达到 121.6m³/m³，要比地层原油升高 64.5m³/m³。

实际生产过程中，会有脱气现象，实际生产气油比通常会高于溶解气油比的计算值，特别是像杏河北这样的埋深仅 1550m 的中浅层油藏，生产井底流压往往会低于泡点压力。

在弄清气驱油墙物性的基础上，针对罗 1 区小型区块开展数值模拟研究，以罗 1 区合理水气段塞比 1.2 时，预测见气见效后的生产气油比上升情况。罗 1 区合理水气段塞比下的气油比变化情况如图 4-27 所示。

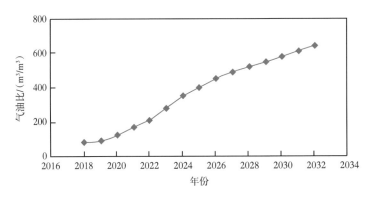

图 4-27　罗 1 区合理水气段塞比下的气油比变化情况

### 10. 百万吨注气方案要点与生产指标

2018 年开始百万吨注气项目启动，建设期 3 年；综合以上油藏工程研究成果，可以得到罗 1 区和杏河北区两个区块的概念性方案设计结果。各项生产指标见表 4-13。

表 4-13 百万吨注入工程生产指标（罗 1 区部分）

| 年注 $CO_2$ 量 / $10^4$t | 年注水量 / $10^4$t | 年产气量 / $10^4$t | 年产油量 / $10^4$t | 年产水量 / $10^4$t | 油井数 / 口 | 注气井数 / 口 |
|---|---|---|---|---|---|---|
| 0 | 265.4 | 3.6 | 35.9 | 56.1 | 1078 | 400 |
| 151.8 | 177.0 | 6.5 | 40.9 | 74.6 | 1078 | 400 |
| 238.2 | 97.0 | 9.5 | 55.0 | 64.1 | 1078 | 400 |
| 146.9 | 152.0 | 15.3 | 66.3 | 50.0 | 1078 | 400 |
| 121.0 | 168.9 | 21.7 | 66.3 | 62.0 | 1078 | 400 |
| 121.0 | 168.9 | 24.4 | 60.4 | 68.4 | 1078 | 400 |
| 121.0 | 168.9 | 29.6 | 55.0 | 74.2 | 1078 | 400 |
| 121.0 | 168.9 | 33.7 | 50.0 | 79.6 | 1078 | 400 |
| 121.0 | 168.9 | 35.0 | 45.5 | 84.5 | 1078 | 400 |
| 121 | 168.9 | 35.9 | 41.5 | 89.1 | 1078 | 400 |
| 70.8 | 221.2 | 35.6 | 37.7 | 93.2 | 1078 | 400 |
| 70.8 | 221.2 | 34.4 | 34.4 | 97.1 | 1078 | 400 |
| 70.8 | 221.2 | 33.1 | 31.3 | 100.6 | 1078 | 400 |
| 70.8 | 221.2 | 31.8 | 28.5 | 103.9 | 1078 | 400 |
| 70.8 | 221.2 | 30.4 | 25.9 | 106.9 | 1078 | 400 |

罗 1 区方案要点：经油藏工程、数值模拟和开发地质多学科联合研究论证，得到罗 1 区长 $8_1^1$ $CO_2$ 驱油藏工程方案要点如下：

项目规模：400 注 1087 采。

注气方式：连续注气 1 年后转水气交替。

注入速度：早期单井日注 26t $CO_2$，见气见效阶段单井日注 19.4t，单井日注水 20$m^3$。

WAG 水气段塞比：1.2∶1，或按注 30 天 $CO_2$ 和 40 天水交替注入。

注入压力：采用注气站增压，超临界注气；井口注气压力在 10.0~14.0MPa 之间；井口注水压力在 12~17MPa 之间，建议地面管线承压力能力和气密封能力按 20MPa 设计。

采收率：比水驱提高采收率 10.8%，评价期末采出程度提高 8.75%。罗 1 区不同开发方式下采出程度变化情况如图 4-28 所示。

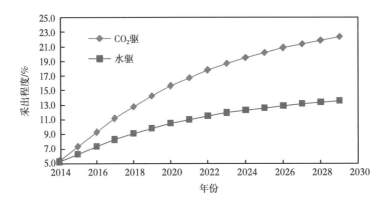

图 4-28　罗 1 区不同开发方式下采出程度变化情况

## 第四节　生产动态分析

气驱生产效果是否合理需要进行评价，评价需要借助明确具体的理论方法或经验统计公式。第三章介绍的气驱油藏工程方法仅是本文建立的气驱油藏工程方法体系的一部分，在中国石油、中国石化、中国海油和延长石油有过正式的讲座交流，所建立的产量预测方法和极限采收率计算方法被《中国石油天然气股份有限公司 CCUS-EOR 开发方案编制和管理指导意见》推荐用于方案编制，因此，可用于分析评价 $CO_2$ 驱油藏生产动态。

### 一、二氧化碳驱采油速度合理性

低渗透黑 59 油藏位于吉林油田大情字井地区，评价认为实施 $CO_2$ 驱可使地层压力恢复到最小混相压力 22.5MPa 以上，实现混相驱开发。应用室内长岩心驱替实验测得初始 $CO_2$ 混相驱油效率 80.0%，初始水驱油效率 55.0%，该油藏开始注气时的水驱采出程度 3.0%，水驱采油速度 1.7%，标定水驱采收率 20.3%。应用本方法预测中长期气驱产量的步骤为：

（1）首先借鉴同类型油藏水驱开发经验得到水驱产量变化情况；

（2）再将初始驱油效率和水驱采出程度代入式（3-34）求出气驱增产倍数为 1.481（权值 $\omega$=1.0）；

（3）最后根据式（3-24）将步骤（1）中水驱产量乘以气驱增产倍数即得气驱

产量剖面（图 4-29）。

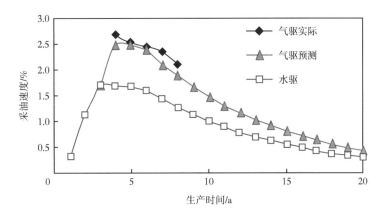

图 4-29  黑 59 油藏气驱产量变化情况

该方法预测该区块气驱采油速度能达到 2.5%，实际气驱采油速度达到 2.7%，气驱投产后实际产量情况和预测结果符合度较高。数值模拟法预测结果过分乐观（年采油速度达到 4.3%），不再给出。目前，对气驱过程中复杂相态变化、三相以上渗流和微观驱油机理不能完整而准确地进行数学描述，加上低渗透储层地质认识不确定性更大，三维地质模型难以真实反映储层非均质性等因素是造成低渗透油藏注气数值模拟结果不可靠的主要原因。根据本文油藏工程方法成功控制并优化了对该注气项目的投资额度。

### 二、二氧化碳驱井网密度合理性

井网密度对气驱开发效果有决定性影响，特低渗透油藏注气实践发现，气驱采取较大的井距，比如 500m 虽然可以见效，但井网密度还要考虑 WAG 阶段的注水对于井距的要求，过大的井距对于水气交替注入阶段的水段塞注入和起作用是很难的。并且，井网过稀、井距过大，不利于获得较高的气驱或水驱采收率。某区块平均渗透率 2.0mD，储量丰度 $50 \times 10^4 t/km^2$，利用以上模型研究了 $CO_2$ 驱经济性极限和经济最优井网密度随吨油操作成本的变化情况，发现经济合理井网密度约为 12~16 口 $/km^2$，并且经济极限和经济合理井网密度窗口较狭窄，井距在 250~300m 之间可以接受，可以采取 270m 左右的井距（图 4-30）。

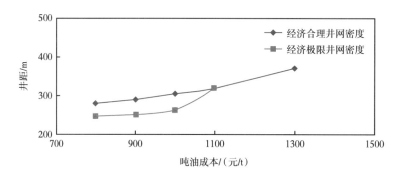

图 4-30　井距与吨油成本的关系

### 三、见气见效时间影响因素

从式（3-160）可看出，$CO_2$ 驱见气见效时间受到见气前阶段地层压力极其接近最小混相压力的程度、阶段综合含水率、体积波及系数、注入气地下密度、注入气在地层油中溶解度、地层油黏度（一般为 $1~6mPa \cdot s$）影响。以吉林油田黑 59 区块为例，研究了以上六参数的变化如何影响见气时间。可看到，见气时间对地层压力、体积波及系数和气体密度比较敏感，而对综合含水率、地层油黏度和气溶解度的敏感性较弱，并且见气时间变化与地层压力、波及系数和气溶解度的变化成正相关性（图 4-31）。敏感性分析的启示：一是在计算见气见效时间时，对地层油黏度和阶段综合含水率准确度要求不是很高；二是加大早期注气量和降低采油速度以提高见气前的阶段地层压力可以延迟见气，根据实际地质情况和生产动态特征实施针对性调剖配合"HWAG-PP"技术扩大波及体积也是预防过早见气的重要技术对策。

应用完全非混相驱替、一次萃取和一次溶解膨胀，即"三步近似法"可简化真实气驱过程，为注气开发油藏见气见效时间油藏工程研究提供了极大便利。利用气驱增产倍数概念得到了气驱"油墙"规模的油藏工程描述方法，进而获得了低渗透油藏（$1~50mD$）见气见效时间预报普适理论模型，与国内油藏实际情况相结合，给出了 $CO_2$ 驱低渗透油藏见气见效时间的简化计算式［式（3-160）］。发现低渗透油藏见气见效时间对见气前的阶段地层压力极其接近最小混相压力程度、理论波及系数和注入气地下密度三个参数比较敏感。尽量提高该阶段地层压力和体积波及系数是延迟见气的两项基本技术对策。

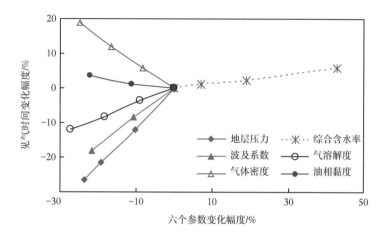

图 4-31　见气时间影响因素敏感性分析

### 四、气驱生产气油比变化特征

利用本文方法计算了吉林油田黑 79 南区块 $CO_2$ 驱试验项目的生产气油比变化情况。相关中间参数取值：饱和凝析液与挥发油地下密度一般为 $650\sim750kg/m^3$，建议成墙轻质液地下密度取值 $700kg/m^3$；参照凝析气和挥发油组成及分子量分布特点，成墙轻质液分子量取值 50；地层原油体积系数 1.17；成墙轻质液体积系数为 2.27；凝析后剩余富化气的地下密度 $570kg/m^3$；凝析后剩余富化气的地面密度 $2.0kg/m^3$；油墙体积系数 1.27；还可计算出油墙密度 $752kg/m^3$，无因次量 $\chi_s$ 等于 0.13。将这些数据代入式（3-36）计算得黑 79 南 $CO_2$ 驱试验区从见气到气窜前阶段生产气油比 $88.1m^3/m^3$，远高于原始溶解气油比 $35m^3/m^3$，这将造成泡点压力显著升高。

黑 79 南 $CO_2$ 驱试验区地层油黏度 $2.0mPa\cdot s$，注气时油藏综合含水率约 26%，注气前采出程度约 11%，$CO_2$ 驱采油速度 2.0% 左右，束缚气饱和度 2.5%，气驱残余油饱和度 10%，初始含油饱和度 35%，可计算出气驱增产倍数 1.5，根据水驱开发经验和递减规律得到"同期的"水驱产量分布，再将"同期的"水驱产量乘以气驱增产倍数即得气驱产量剖面。进而利用这些参数预测 $CO_2$ 驱气油比。综合原始溶解气油比、气驱"油墙"溶解气油比和游离气产生的气油比可预测黑 79 南 $CO_2$ 驱试验区生产气油比。从图 4-32 可见，"三段式"气油比预测油藏工程方法可以捕捉到气驱生产气油比主要变化特征。

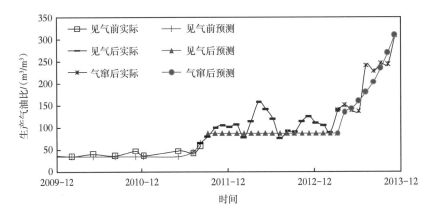

图 4-32　黑 79 南 $CO_2$ 驱试验区生产气油比变化情况

### 五、气驱注采比的变化特征

吉林油田黑 59 区块 $CO_2$ 混相驱提高采收率试验项目于 2008 年 5 月开始橇装注气，注气层位为青一段砂岩油藏，有效厚度为 10m，储层渗透率为 3.0mD，净毛比为 0.7，干层段渗透率为 0.1mD，裂缝发育密度为 0.25 条 /m，裂缝渗透率为 500mD，缝宽为 3mm，平均缝高为 0.3m，地层原油黏度为 1.8mPa·s，注气时油藏综合含水率约为 45%，注气前采出程度约为 3.5%，$CO_2$ 地下密度为 550kg/m³，$CO_2$ 驱最小混相压力为 23.0MPa，开始注气时地层压力为 16.0MPa，气驱增压见效阶段地层压力升高约 8MPa，气驱增产倍数约为 1.5，束缚气饱和度为 4%，气驱残余油饱和度为 11%，初始含油饱和度为 55%，原始溶解气油比为 35m³/m³，游离气相黏度为 0.06mPa·s，$CO_2$ 驱稳产期采油速度约为 2.5%。

应用第三章方法计算了该区块气驱注采比，气驱注采比计算结果（图 4-33）表明，从开始注气到 2014 年间，早期高速注气恢复地层压力阶段的注采比高达 2.5，正常生产后开始下降，降低到 1.7 左右，计算的注采比与实际值比较吻合，显示文中提出注采比设计方法的可靠性。

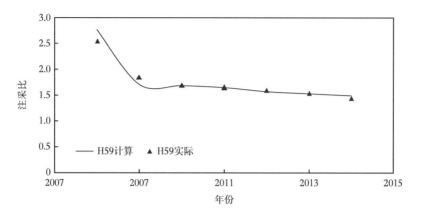

图 4-33　H59 试验区 $CO_2$ 驱注采比变化情况

基于采出油水两相地下体积的和基于采出油气水三相地下体积的气驱注采比计算方法，进一步丰富了注气驱油开发方案设计油藏工程方法理论体系。连续注气时，基于采出油水两相地下体积的气驱注采比曲线在气窜后上翘趋势明显，在气窜后按照基于采出油水两相地下体积的气驱注采比进行配注将引起较大偏差，须按照基于采出油气水三相地下体积的气驱注采比进行配注。水气交替注入时，生产气油比升高得以有效控制，研究周期内按照基于采出油水两相地下体积的气驱注采比进行配注具有可行性。

### 六、WAG 注入段塞比的合理区间

以 $CO_2$ 驱为例说明如何确定低渗透油田混相驱的水气段塞比。所需数据包括气驱见效高峰期亦即稳产采油速度为 2.6%（在此强调该采油速度必须基于注气动用层位而非全油藏的地质储量），单井日注 $CO_2$ 量 30t[ 相当于吸气强度 3t/（d·m）]，单井日注水量 30t，注入 $CO_2$ 地下密度 600kg/m³，水地下密度 1000kg/m³，储层平均渗透率 3.5mD，注气层位有效厚度 10m，注采井距离 280m，经验水驱注采比 1.4，$CO_2$ 驱注采比在 1.7~2.3 之间。

将以上数据代入相关公式可得到水气交替单周期水气段塞比中值在 1.3~1.5 之间（图 4-34），水段塞连续注入时间须小于 47 天，水气段塞比中值约束的气

段塞连续注入时间为 20 天左右（图 4-35）。对于 3.5mD 的特低渗透油藏，刚进入见气见效阶段时连续注气时间为 123 天，防气窜连续注气时间随时间缩短，基本上整个油墙集中采出阶段的连续注气时间都高于水气段塞比中值约束的气段塞连续注入时间，气段塞无须缩小。对于 20mD 一般低渗透油藏，WAG 单周期连续注气时间亦随时间逐渐缩短，并且在油墙集中采出的中后期阶段，防气窜连续注气时间开始小于水气段塞比约束的气段塞连续注入时间，这就需要减小水气段塞体积，缩短 WAG 周期，提高交替频率。

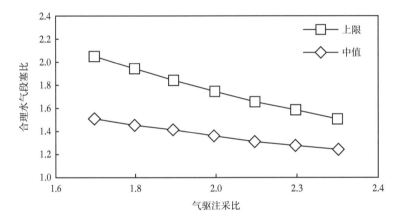

图 4-34　不同气驱注采比下的合理水气段塞比

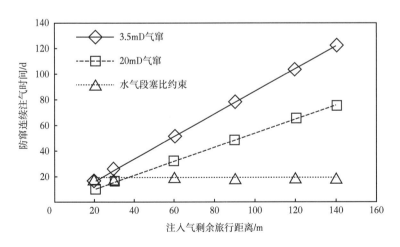

图 4-35　见气见效后防窜连续注气时间变化情况

可以推论，驱替流度比控制水气交替注入单周期的水气段塞的波及系数，注入水和气的波及系数决定了 WAG 注入单周期的水气段塞比下限。在满足稳定低渗透油藏地层压力需要时，水气段塞比的上限受控于单交替注入周期内的水气两驱的注采比。水气交替注入单周期内地层压力的维持是通过气段塞对地层能量的补充和水段塞注入期间的地层能量损耗实现的，维持地层压力须控制水段塞注入时间。油墙集中采出阶段（稳产期主体）气段塞连续注入时间存在上限，避免自由气段塞窜进生产井。对特低渗透油藏，油墙集中采出阶段的气段塞注入时间可采取水气段塞比约束下的注气时间上限；对于一般低渗透油藏，油墙集中采出阶段中后期气段塞须采用时间序列上的锥形气段塞组合。

### 七、二氧化碳驱提高采收率效果测算

气驱等三次采油过程具有复杂性，受诸多动静态因素的影响，不同油藏的气驱采收率不同。目前还没有一种普遍适用的预测 $CO_2$ 驱采收率的油藏工程方法。但从经验看，很多油藏的 $CO_2$ 驱阶段采出程度提高幅度与累计注入量之间的关系比较一致，这可能是 $CO_2$ 驱的选择性导致的。中国 $CO_2$ 驱油实践中，以技术效果较好的混相驱项目为主，研究经验比较丰富。非混相驱与混相驱项目的差异主要体现在混相程度上，逐步提高混相程度，非混相驱项目的生产效果将趋向混相驱，或者说，所有的非混相驱开发动态随着地层压力的提升将逐步接近混相驱情形。为建立一种普遍适用的气驱提高采收率幅度计算方法，这里提出将混相驱项目采收率作为边界，利用气驱增产倍数概念在混相驱和非混相驱采收率之间建立联系，以混相驱研究经验估算非混相驱项目的提高采收率情况。

$$\begin{cases} \Delta E_{Rg} = \dfrac{F_{gw}}{F_{gw-m}-1} \Delta E_{Rmg-w} \\[2mm] \Delta E_{Rg-w} = \dfrac{F_{gw}-1}{F_{gw-m}-1} \Delta E_{Rmg-w} \\[2mm] \Delta E_{Rmg-w} = \left(2.1 S_o\right)^{1.3} \left(0.835 + \dfrac{22e^{\chi}}{10+e^{\chi}} - 3e^{-\chi}\right) \\[2mm] \chi = 3.5 G_{cuminj} \end{cases} \quad （4-1）$$

　　国内非混相驱项目较少，本文以大庆油田树 101 和敖南两个非混相 $CO_2$ 驱项目的研究与实践结果与式（4-1）进行对比验证：（1）树 101 非混相 $CO_2$ 驱先导试验区混相程度约为 83.9%，气驱增产倍数 1.354，含油饱和度 62%，累计注气量约 0.39 倍烃类孔隙体积，实际阶段采出程度为 9.61%，阶段采出程度提高幅度为 4.20 个百分点，根据式（4-1）计算的阶段采出程度提高幅度为 4.98 个百分点，二者比较接近。（2）根据《敖南油田 CCUS-EOR 开发方案（一期）》，敖南油田 $CO_2$ 非混相驱项目累计注入 1.1 倍烃类孔隙体积，混相程度为 80.8%，气驱增产倍数 1.49，含油饱和度 51%，相应的阶段采出程度提高幅度为 10.5 个百分点，根据式（4-1）计算的阶段采出程度提高幅度为 10.9 个百分点，两者同样比较接近，表明本文方法可靠。

▶▶ 参考文献 ▶▶

［1］王高峰，秦积舜，孙伟善 . 碳捕集、利用与封存案例分析及产业发展建议［M］. 北京：化学工业出版社，2020.

［2］Robert Balch. Why should SPE members be interested in CCS?［R］. Houston，Society of Petroleum Engineer CCUS Steering Committee，2019.

［3］王高峰，郑雄杰，张玉，等 . 适合二氧化碳驱的低渗透油藏筛选方法［J］. 石油勘探与开发，2015，42（3）：358-363.

［4］王高峰，秦积舜，黄春霞，等 . 低渗透油藏二氧化碳驱同步埋存量计算［J］. 科学技术与工程，2019，19（27）：148-154.

# 第五章　二氧化碳驱油矿场实践与认识

多年来，我国石油企业累计开展三十多个 $CO_2$ 驱油与封存的现场试验项目，基本上所有气驱项目都取得了不同程度的增产和提高采收率效果，取得了丰富的注气实施经验，形成了系统性规律性认识，并最终创建了气驱油藏工程方法体系，为 CCUS-EOR 开发方案设计提供了可靠依据。回顾典型 $CO_2$ 驱油项目，有助于认清我们如何实现了千万吨级累计注碳规模，同时也为未来搞好 CCUS-EOR 推广应用提供重要技术借鉴。

本章简要介绍了我国若干代表性 $CO_2$ 驱油项目基本情况以及取得的基本实践认识。

## 第一节　代表性二氧化碳驱油项目

### 一、黑 59 区块二氧化碳驱先导试验

吉林油田黑 59 区块试验的目标是评价探索弱未动用特低渗透油藏 $CO_2$ 驱提高采收率可行性及其潜力。试验方案要点为：试验区位于吉林省松原市乾安县境内的大情字井油田；试验区面积 $2.0km^2$；目的层为青一段 7 号、12 号、14 号、15 号层，有效厚度 9.4m，平均渗透率 3.5mD，地质储量 $78×10^4t$。地层温度 98.9℃，注气前地层压力约 17MPa，最小混相压力 22.3MPa，采用 160m×480m 反七点法井网，5 个注气井组，22 口生产井。采取混合水气交注入和周期生产，实现早期混相驱开发；单井 $CO_2$ 日注入量为 30~40t，注气前 3 年单井平均产油量 5.92t/d，平均采油速度 3.83%。评价期 15 年；期末水驱采出程度 20.44%；评价期末 $CO_2$ 驱增加采出程度 9.0%。

2008 年 4 月开始注气，截至 2017 年 6 月底，累计注入 $25.2×10^4t$ $CO_2$。目前，

地层压力高于最小混相压力。阶段累计产油 $11.6 \times 10^4$t，阶段采出程度 14.9%，见效高峰期单井产量 3.6t，气驱增产倍数 1.5，采收率提高约 6%。鉴于已完成试验使命及产量变化情况，2014 年 7 月通过对该项目验收，终止注气。黑 59 区块产量变化如图 5-1 所示。

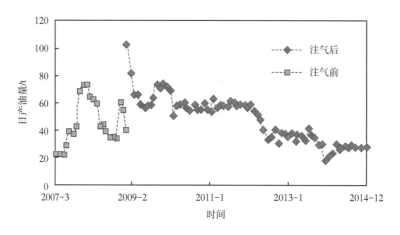

图 5-1　黑 59 区块产量变化

### 二、黑 79 南区块二氧化碳驱先导试验

吉林油田黑 79 南区块试验的目标是评价已水驱开发油藏低渗透油藏 $CO_2$ 驱提高采收率可行性及其潜力。试验方案要点为：试验区位于大情字井油田，目的层青一段 2 号层，有效厚度 4.0m，渗透率 19mD，试验区面积 $7.2km^2$，地质储量 $240 \times 10^4$t；地层温度 98.3℃，最小混相压力 22.5MPa，注气前地层压力 18MPa；开始注气时采出程度 12.0%，综合含水率 38%，单井产油量 2.35t/d；采用 160m×480m 反七点法井网，18 个注气井组，60 口生产井；选择混合水气交替注入和周期生产联合的方式（HWAG-PP），实现早期混相驱开发。先连续注气 1 年（0.1PV），地层压力恢复到混相压力后，转入 WAG（水气交替）方式注入；交替注入的水气段塞比为 1∶1，单井 $CO_2$ 日注入量 40t，单井日注水量 30t；初期连续生产，采油速度 4%，气窜井间开生产；$CO_2$ 驱提高采收率 8.0%。

2010 年 3 月开始注气，累计注入 $38.6 \times 10^4$t $CO_2$，地层压力接近最小混相压力，阶段累计产油 $23.1×10^4t$，阶段采出程度 9.65%，见效高峰期单井产量 3.2t，气驱增产倍数 1.31，2014 年 7 月通过对该项目验收，注气已终止。黑 79 南区块产量变化如图 5-2 所示。

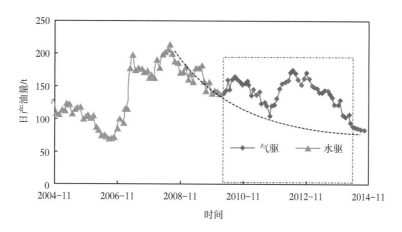

图 5-2　黑 79 南区块产量变化

### 三、黑 79 北小井距二氧化碳驱先导试验

吉林油田黑 79 北小井距试验的目标是加速完成 $CO_2$ 驱全生命周期，快速评价高含水特低渗透油藏 $CO_2$ 驱的技术效果。试验方案要点为：试验区位于大情字井油田，目的层青一段 11、12 小层，渗透率 4.5mD，有效厚度 6.4m。试验区面积 $0.94km^2$，地质储量 $36.3×10^4t$。最小混相压力 22MPa，原始地层压力 20.1MPa。注气时采出程度 21.6%，综合含水率 81%，单井产油量 0.8t/d。采用 80m×240m 反七点法井网，10 注 19 采。利用老井 13 口，新钻数井 16 口（8 注 8 采），形成两个中心评价井组。核心区高峰期采油速度 4.0%，预计 $CO_2$ 驱提高采收率 13%。

试验区于 2012 年 7 月开始注气，平均日注气量 93.9t，截至 2022 年底累计注气量约 $40×10^4t$。黑 79 北试验证实，在小井距情况下 $CO_2$ 混相驱仍然可以显著提高低渗透高含水油藏单井产量和采收率，见效后单井产量稳定在 1.35t/d 左右，气驱增产倍数实际值约 1.7，预计提高采收率幅度可以达到 15%，明显高于常规井距下的采收率增加幅度。

黑 79 北小井距单井产量变化情况如图 5-3 所示。

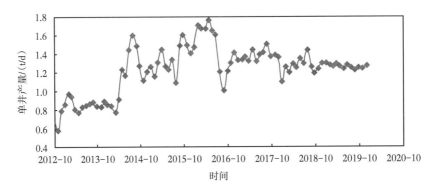

图 5-3　黑 79 北小井距单井产量

### 四、树 101 区块二氧化碳驱扩大试验

大庆油田树 101 区块 $CO_2$ 驱试验目的是探索 $CO_2$ 驱动用特超低渗透油藏可行性，方案要点为：试验区位于宋芳屯油田，目的层为扶杨油层 YI、YII 组，渗透率 1.02mD，有效厚度 9.6m；试验区面积 2.5km$^2$，地质储量 90×10$^4$t；地层温度 108℃，最小混相压力 32.2MPa，地层油黏度 3.6mPa·s，原始地层压力 20.1MPa；属于未动用油藏注气类型，采用超前注气开发；采用井距 300m 和 250m、排距 250m 的反五点法井网；7 个注气井组，17 口生产井；单井日注气量 17.0t，$CO_2$ 驱提高采收率 10.1%。

2007 年 12 月 2 口注气井投注，2008 年 7 月投注 5 口，注气半年后油井投产。初期单井日注气量 25t；单井产量平均约为水驱的 1.6 倍，$CO_2$ 驱油井不压裂投产初期单井产量与压裂投产树 16 水驱压裂产量相当；累计注气量 17.78×10$^4$t，累计产油 6.62×10$^4$t，阶段采出程度 5.58%，阶段换油率 0.38t/t。地层压力保持水平高，吸气厚度比例高，目前地层压力为原始地层压力的 107.3%，有效厚度吸气比例在 84.6% 以上，1.0mD 油藏得到有效动用。

大庆油田树 101 试验区产量如图 5-4 所示。

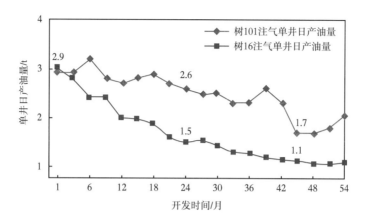

图 5-4　大庆油田树 101 试验区产量

### 五、贝 14 区块二氧化碳驱先导试验

大庆油田贝 14 区块试验的目标是探索 $CO_2$ 驱动用特超低渗透强水敏油藏的可行性。矿场试验方案要点为：试验区位于大庆油田的海拉尔盆地，目的层为兴安岭 XI、XII 组，有效厚度 26m，渗透率 1.12mD，强水敏油藏，试验区面积 $0.65km^2$，地质储量 $159×10^4t$，地层温度 71℃，最小混相压力 16.6MPa，地层油黏度 4.7mPa·s，原始地层压力 17.6MPa；注气前采出程度 3.1%，无法正常水驱，采用 300m×250m 五点法井网，先导试验一期 4 注 15 采，$CO_2$ 驱预计提高采收率 17.3%。

2010 年 9 月贝 14-X54-58 井首先实现单井注入，吸气能力较强，注入压力稳定。必须建集气站和注入站，才能实现试验规模、稳定注入。截至 2017 年底，累计注入 $CO_2$ 约 $15.5×10^4t$，换油率（吨油耗气量）指标表现良好。见效高峰期单井产量高于 2.0t/d。$CO_2$ 驱采油井地层压力逐步上升，比注气前上升了 2.2MPa，比同期相邻水驱区块高 2.9MPa。$CO_2$ 驱能够提高低渗透强水敏油藏单井产量，气驱增产倍数 1.57。大庆海拉尔油田贝 14 试验区产量如图 5-5 所示。

### 六、草舍油田二氧化碳驱先导试验

华东分公司草舍 $CO_2$ 驱先导试验目的是探索利用 $CO_2$ 驱提高复杂断块油藏原油采收率可行性。方案要点为：试验区为草舍油田主力含油层系泰州组，油藏类型为构造油藏，含油面积 $0.703km^2$，储量 $142×10^4t$，孔隙度 14.08%，渗透率 46mD。地层温度 119℃，注气前地层压力 26.6MPa，最小混相压力 29.3MPa，5 个注气井组，10 口生产井，连续注气方式，单井 $CO_2$ 日注入量 20~30t。

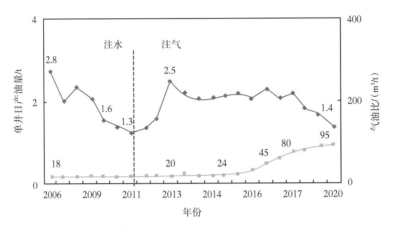

图 5-5　大庆海拉尔油田贝 14 试验区产量变化情况

2005 年 7 月开始注气，至 2013 年 12 月结束，累计注入量 $17.98×10^4t$ $CO_2$。阶段累计增油 $6.65×10^4t$，阶段提高采收率 4.68%，$CO_2$ 封存率 86.1%。草舍 $CO_2$ 驱先导试验区产油量如图 5-6 所示。

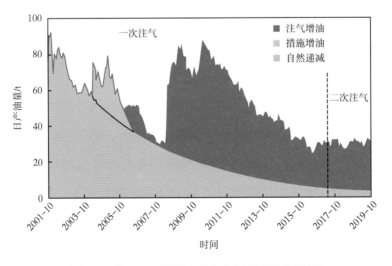

图 5-6　草舍 $CO_2$ 驱提高采收率先导试验区产油量

### 七、高 89 区块二氧化碳驱先导试验

胜利油田高 89 区块 $CO_2$ 驱先导试验目的是探索 $CO_2$ 驱提高特低渗透难采储量采收率的可行性。方案要点为：高 89-1 断块含油面积 4.3$km^2$，储量 $252×10^4t$，主力含油层系沙四段，发育 4 个砂层组 15 个小层。平均孔隙度 12.5%，平均渗透率 4.7mD；地层温度 126℃，注气前地层压力 24MPa，最小混相压力 29MPa；五点法井网，10 个注气井组，14 口生产井；采用连续注气，单井 $CO_2$ 日注入量 20t；预计提高采收率 17%，换油率 2.63t/t，$CO_2$ 封存率 0.55。

2008 年 2 月开始注气，截至 2016 年 12 月，累计注入 $26.1×10^4tCO_2$。阶段累计增油 $5.86×10^4t$，阶段提高采收率 3.4%。高 89 区块 $CO_2$ 驱提高采收率先导试验区产量（图 5-7）。

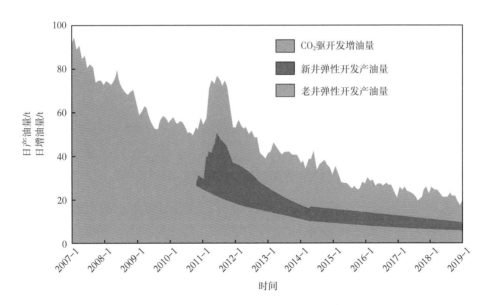

图 5-7　高 89 区块 $CO_2$ 驱提高采收率先导试验区产量

### 八、濮城沙一下亚段二氧化碳驱先导试验

中原油田濮城沙一下亚段 $CO_2$ 驱先导试验目的是探索水驱废弃深层油藏注气提高采收率的可行性。方案要点为：濮城沙一下亚段地质储量 $1050×10^4t$，主力含

油层系沙一下，发育 2 个含油小层，平均渗透率 690mD，地层温度 82.5℃；注气前地层压力 19MPa；最小混相压力 18.42MPa；行列井网，注气井 22 口，生产井 38 口；采取水气交替注入，单井 $CO_2$ 日注入量 40~50t，预计提高采收率 9.0%。

2009 年 9 月开始注气，至 2017 年 6 月注气井总数达到 10 口，覆盖储量 $265×10^4t$，累计注入 $CO_2$ $32.1×10^4t$，阶段注水 $32.7×10^4t$，阶段累计增油 $1.4×10^4t$，阶段提高采收率 0.5%，预计提高采收率 8%。

濮城沙一下亚段 $CO_2$ 驱阶段日产油量及含水率变化如图 5-8 所示。

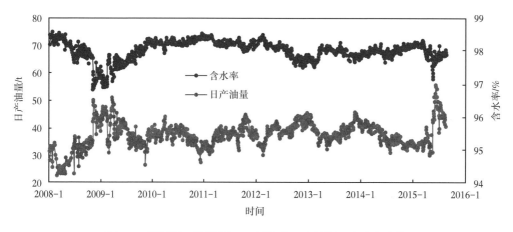

图 5-8 濮城沙一下亚段 $CO_2$ 驱阶段日产油量及含水率变化

### 九、苏北张家垛张 1 区块二氧化碳驱先导试验

张家垛油田张 1 区块位于苏北盆地南部海安凹陷西部曲塘次凹的北部陡坡带，主力含油层系阜三段埋深 2700~3700m。储层岩性以细、粉砂岩为主，储层以长石石英细砂岩和岩屑石英细砂岩为主，动用含油面积 $0.91km^2$，储量 $47×10^4t$，渗透率 5mD，孔隙度 17%，地层较陡，地层温度 112℃，地层油黏度 1.74mPa·s，最小混相压力为 32MPa，能够实现混相驱。

试验区于 2015 年 12 月开始注气，井距 350m 左右，采用连续注气方式，截至 2019 年 12 月底注气累计增油 $1.93×10^4t$，累计换油率 0.58t/t，阶段提高采收率 4.1%，$CO_2$ 驱产油变化如图 5-9 所示。

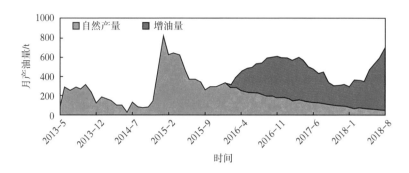

图 5-9　张家垛油田张 1 区 $CO_2$ 驱月产油量变化情况

## 十、靖边乔家洼二氧化碳驱先导试验

延长石油设立该试验，乔家洼试验区面积 1.2km$^2$，目的层为延长组长 6 油层，储层有效厚度 11.5m，平均渗透率 0.7mD，地质储量 39.4×10$^4$t。地层温度 53℃，注气前地层压力 3MPa，最小混相压力 22.74MPa，200~300m 不规则反七点法井网，5 个注气井组，14 口生产井；采用混合水气交替非混相驱，单井 $CO_2$ 日注入量 10~20t，单井日注水量 10m$^3$，注气前单井平均产油量 0.2t/d，平均采油速度 0.3%；评价期 15 年，期末增加采出程度 8.9%。

靖边乔家洼井区于 2012 年 9 月投注第一口 $CO_2$ 注气井，截至 2017 年 5 月，注入井组 5 个，单井平均日注入 15~20t 液态 $CO_2$，累计注入 $CO_2$ 7.3×10$^4$t，见到较好的增油效果。乔家洼 $CO_2$ 试验井区生产曲线如图 5-10 所示。

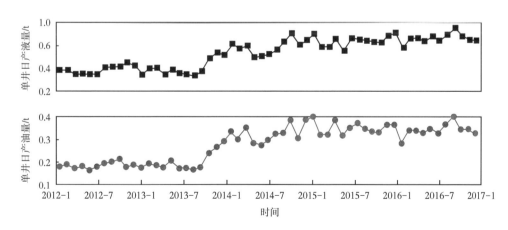

图 5-10　靖边乔家洼 $CO_2$ 试验井区生产曲线

### 十一、黄 3 井区二氧化碳驱油与埋存先导试验

长庆油田黄 3 井区试验目的是探索 $CO_2$ 驱动用 0.3mD 超低渗透裂缝型油藏可行性，方案要点如下：试验区位于姬塬油田，目的层延长组长 $8_1$ 砂组，有效厚度 10.5m，渗透率 0.37mD，超低渗透裂缝型油藏，试验区面积 3.5km²，地质储量 $186.8\times10^4$t，注气前采出程度 3.5%，150m×480m 菱形反九点法井网，9 注 35 采，预计提高采收率 10.2%。

黄 3 井区新建综合试验站 1 座，规模 $5\times10^4$t/a；与综合试验站合建建成注入站 1 座，依托山城 35kV 变 10kV 供电线路，新建 10kV 线路 0.3km，新建进站道路 0.5km，完成 47 口井的井口和井身完整性评价和维护。经多方沟通，落实碳源，已于 2017 年 7 月投注，截至 2019 年底 9 个井组累计注入 $6.6\times10^4$t 液态 $CO_2$。26 口井见效井日产油量从 0.8t 升到 1.3t，综合含水率下降，首次证实了区域内超低渗透油藏 $CO_2$ 驱可行性。长庆油田黄 3 试验区 26 口见效井的单井产量变化如图 5-11 所示。

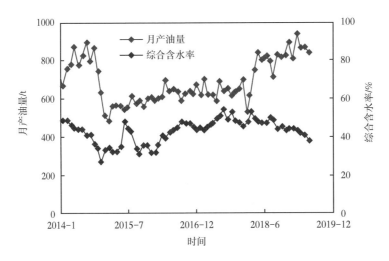

图 5-11　长庆油田黄 3 试验区见效井生产情况

统计分析上述 $CO_2$ 驱试验项目可知，我国 $CO_2$ 驱技术应用主要针对低渗透、特低渗透油藏，主要目的是探索 $CO_2$ 驱提高我国低渗透 / 特低渗透储量动用率和采收率新途径。通过多年试验攻关，在吉林油田建成了国内首套含 $CO_2$

气藏开发—$CO_2$ 驱油与封存一体化系统，在大庆油田建成了国内产油规模最大的 CCUS 循环密闭系统，在胜利油田建成了国内外首套燃煤电厂 $CO_2$ 捕集、驱油与封存一体化系统，在延长油田建成国内首套煤化工 $CO_2$ 捕集—$CO_2$ 驱油与封存系统，在中原油田建成国内首套水驱废气油藏利用石油化工尾气 $CO_2$ 驱油与封存系统，基本完成了 $CO_2$ 驱提高石油采收率技术配套，引起了国际社会和国家多部委广泛关注。

## 第二节　二氧化碳驱油实践认识

通过多年试验攻关，逐步形成了关于低渗透油藏 $CO_2$ 驱生产动态的系统知识[1-11]，下面将结合具体实例，介绍 $CO_2$ 驱提高采收率实践取得的一些油藏工程学科方面的认识。

### 一、不同二氧化碳驱替类型与效果

### 1. 注入气驱替类型划分

根据气驱油效率的高低和距离最小混相压力的远近，可将最小混相压力图划分为远离混相区、中等混相区、近混相区和混相区 4 个区域，如图 5-12 所示。其中，远离混相区和中等混相区属于通常所说的非混相情形，

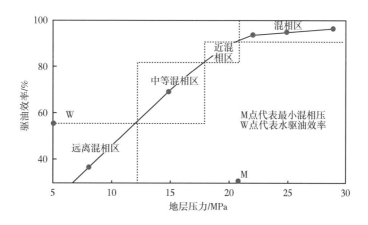

图 5-12　按混相程度划分的 4 种气驱类型

而中等混相区连同近混相区与计秉玉等提出的半混相区相当。在 4 个区域中，气驱油效率仅在远混相区低于水驱情形。

按照混相程度不同，气驱类型分为混相驱、近混相驱和非混相驱三大类。根据美国能源部的经验，结合我国研究经验，建议：若注气后见气前的地层压力能够保持比最小混相压力高 1.0MPa 以上，可定义为混相驱替；若见气前的地层压力能够保持比最小混相压力低 1.0MPa 以内，可定义为近混相驱替；若见气前的地层压力能够保持在低于最小混相压力 1.0MPa 以上，可定义为非混相驱替；对于能够正常注水开发的油藏，若见气前的地层压力低于最小混相压力的 75%，则不建议实施 $CO_2$ 驱。

### 2. 混相驱项目

理论与实验均表明，对于给定油藏，$CO_2$ 混相驱的采收率明显高于非混相驱，美国 $CO_2$ 驱替类型主要为混相驱，混相驱项目数和 EOR 产量远大于非混相驱。以 2014 年数据为例，$CO_2$ 驱总项目数为 139 个，其中混相驱项目数 128 个；$CO_2$ 驱总产量为 $1371\times10^4$t/a，其中混相驱产量 $1264\times10^4$ t/a。$CO_2$ 混相驱项目成功率较高，2014 年美国 $CO_2$ 混相驱项目中获得成功的项目为 104 个，占比 81.2%。当然，美国 $CO_2$ 驱技术成功的商业应用与有利政策法规支持和 2000 年以来油价持续走高是密不可分的。据 Chevron 石油公司学者 Don Winslow 对三次采油类项目的统计，北美地区 $CO_2$ 驱提高采收率幅度为 7%~18%，平均值为 12.0%。

在国内，走完全生命周期的注气项目较少，矿场试验规模不大，气驱技术尚处于试验和完善阶段。诸如江苏草舍 $CO_2$ 混相驱试验、吉林大情字井地区 $CO_2$ 混相驱试验、大庆海塔 $CO_2$ 混相驱试验、中原濮城 $CO_2$ 混相驱试验、吐哈葡北天然气混相驱试验和塔里木东河塘天然气混相驱试验已获得良好技术效果，大力发展混相驱有助于增加人们对注气提高采收率的信心，有助于气驱技术在我国快速发展。

### 3. 非混相驱项目

非混相驱与混相驱在工艺流程上并无明显区别，在油藏管理和实施难度上并无过高要求。非混相驱项目的经济性也未必不好。中国石化胜利油田高 89、中国石化东北局腰英台油田 BD33、中国石油大庆油田树 101 和树 16、延长油田吴起和乔家洼等试验区的 $CO_2$ 驱替类型都属于非混相驱，均取得了明显增油效果。同一油藏混相驱或近混相驱增油效果好于非混相驱，而有些油藏很难实现混相驱替。根据可能具备的现实条件选择油藏的合理开发方式是搞好油田开发的基本要求。

据统计，全球实施的 $CO_2$ 非混相驱项目 40 个，其中美国 11 个，加拿大 1 个，特立尼达 5 个，中国 8 个。全球非混相 $CO_2$ 驱项目提高采收率在 4.7%~12.5% 之间，平均值 8.0%，平均换油率 3.95 t/t。我国的 $CO_2$ 非混相驱项目提高采收率在 3.0%~9.0% 之间，平均 5.5% 左右。非混相驱技术在不同埋深的轻质、中质和重油油藏中都有应用。

### 二、二氧化碳驱生产经历的阶段

以吉林油田黑 59 试验区为例，5 个先导试验井组最高日产油量 120t，采油速度最高达到 2.7%，综合含水率从 50% 下降到 35%~40%。特低渗透油藏 $CO_2$ 驱试验效果突出表现在：

（1）较高产油速度下，仍然具有很强的稳产能力；

（2）含水率大幅度下降，一些井甚至不产水；

（3）大井距下，不压裂也能够快速见效，节省大量储层改造与措施费用；

（4）水气交替注入能有效抑制气窜。

特低渗透油藏 $CO_2$ 驱试验的生产动态及监测成果表明，特低渗透储量得到有效动用，稳产能力提高，黑 59 区块日产油量能连续 4 年保持在 60t 左右，采油速度保持在 2.5% 以上。尽管试验区平均注气效果较好，但全区仍存在着南北井组动态反应差异大、同井组内油井受效不均衡、气窜控制难等问题。整个注气试验可分为七个阶段。

### 1. 注气准备阶段

2008 年初开始了注采井况普查，包括井身技术状况普查、更换注气井口，更换耐压井口等。还进行了注气前背景资料监测，包括地层压力监测、注水能力测试、注入压力测试，以及其他基础测试。测压结果表明2008年初试验区平均地层压力为16MPa，而地层最小混相压力为22.3MPa。5口注入井于2008年3月开始注水补充地层能量及有关资料监测工作，并关闭了大部分油井恢复地层压力。

**2. 补充地层能量阶段**

黑59试验区块的注气井黑59-12-6井和黑59-6-6井自2008年4月底开始注气，黑59-4-2和黑59-10-8井于2008年6月底开始注气，黑59-8-41井于2008年10月上旬开始注气，试验区油井除南部黑59-4-2井组5口油井外，其余全部关井恢复地层压力。黑59试验区地层压力快速恢复得益于早期高注气速度与低采气速度（含部分油井停产）的协同配合。

**3. 高套压井试采阶段**

2008年12月实际测压显示试验区地层压力已达到25MPa，试验区北部黑59-12-6井组的平均地层压力更高。试验区于2009年1月油井试采，呈现："油井自喷，产量翻番、含水率大幅度下降，注气反应显著"的生产特征。从地质上看，见效最显著的高套压井，是由于优势流动通道沟通注采井形成的，高速试采阶段会加速气窜，减小波及系数，缩小注入气的波及体积，给后续生产带来更大被动。因此，该阶段并非是必须存在的。

**4. 正式投产阶段**

根据压力测试结果，当全区地层压力高于最小混相压力时，油井全部开井，见到了明显注气效果。2009年全年，试验区综合含水率下降10%，动液面升高600m。北部未注水区域实现了混相驱替。在2010年1月份开井前，试验区北部压力得到有效恢复。黑59-12-6井组和黑59-10-8井组在开井后，有4口井自喷生产，7口井产油量大幅上升，含水率下降，开井初期其产量超过了投产初期的产量，注气反应明显。

**5. 生产调整阶段**

针对油井陆续见气的这一情况，尤其针对气窜较严重的井组应用了注入方式转换、$CO_2$ 驱调剖以及控制液面生产等调整技术，相应井组注气压力有所上升，生产井气油比明显下降，见到了调整的效果。在黑 59-12-6 井，分两个阶段实施了泡沫凝胶调剖，共注入调剖液上千立方米，注入压力上升明显，井组矛盾得到有效缓解。注入井陆续实施了水气交替（WAG）注入，使生产气油比稳定，但气驱的气油比还是比较高，泵效偏低。由于气源不稳定与不利天气等原因，实际注入量达不到配注要求。

### 6. 产量递减阶段

自 2012 年，单井产量开始下降，试验区产量进入了递减阶段。从 2009 年正式开井生产，黑 59 试验区连续稳产四年，采油速度保持在 2.5% 左右，处于较高水平，是水驱的 1.5 倍。特低渗透油藏气驱也有递减阶段且递减较快，这是高采油速度必然导致高递减的客观规律决定的。经历四年的稳产期，并保持了较高的采油速度。出于经济效益的考虑，递减阶段实施水气交替注入，以节省注气量。生产动态是气驱自身规律在区块地质实际和注采调整情况的综合表现，由于现有技术手段和水平不可能完全认识储层和渗流的实际过程，也就导致了实际动态与预计的存在不同程度差别。

### 7. 后续水驱阶段

从 2014 年下半年起，黑 59 试验区注气量逐渐减少，到 2015 年停止注气，进入后续水驱阶段。由于前期注气量较大，存气率较高，地层含气饱和度较高。即使进入了后续水驱阶段，前期注入并存留的气体仍然会发挥一定的驱替作用以及地层能量保持作用。

生产动态是气驱自身规律在试验区块实际地质条件和注采调整情况的综合表现，由于现有技术手段和水平不可能完全认识真实储层和渗流实际过程，也就导致了实际生产动态与预测生产指标之间存在不同程度的差别。

### 三、混相气驱可快速补充地层能量

注气能够快速补充地层能量，黑 59 和黑 79 北小井距大约经过半年，地层能量快速升高，超过了最小混相压力 22.3MPa，实现了混相驱。以黑 79 北小井距注气试验为例，该油藏开始注气时已是高含水，单井产量从 0.8t/d 升高至 1.35t/d，开井后，井组整体含水率大幅度下降，产液和产油较平稳，表现出混相驱替特征，采收率也将会相应提高。黑 79 南注气后，产量止跌回升，增油效果是明显的。黑 59 区块和黑 79 北加密区地层压力变化分别如图 5-13 和图 5-14 所示。

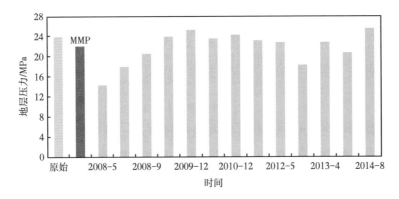

图 5-13　黑 59 区块地层压力变化

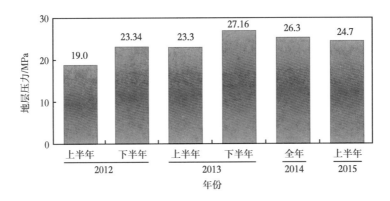

图 5-14　黑 79 北加密区地层压力变化

### 四、二氧化碳驱原油混相组分的扩展

$CO_2$ 驱最小混相压力受控于原油组分、组成和油藏温度。对于给定油藏，原油中的中—轻质组分含量对 $CO_2$ 驱最小混相压力有决定性影响。国际上一般认为，$C_2$—$C_7$ 之间的轻组分含量影响 $CO_2$ 驱最小混相压力，并且 $CO_2$ 可以蒸发萃取的原油组分也主要是这些轻质组分。中国石油勘探开发研究院研究认为，

随着地层压力升高，被 $CO_2$ 蒸发萃取的组分是逐渐扩展增加的。压力高到一定程度时，$C_2$—$C_{15}$ 之间的组分都可以被 $CO_2$ 抽提突破油气界面，进入气相区；混相条件下，$C_{15}$—$C_{21}$ 之间的组分都可以被 $CO_2$ 抽提，这在多个 $CO_2$ 混相驱油矿场试验中都被观察到。由于地层油中的 $C_7$—$C_{15}$ 的含量是比较高的，以吉林油田黑 59 为例，$C_7$—$C_{15}$ 摩尔分数高达 33.28%，这些中质组分进入气相区可以深度富化注入的 $CO_2$，起到了加速混相过程的作用，也起到了提高采收率的作用。

不同压力下 $CO_2$ 蒸发的原油组分变化如图 5-15 所示。

（a）压力较低时　　　　　　　　　　　　　（b）压力较高时

✓区域①（气相区）：$CO_2$ 为主，少量 $C_2$—$C_5$　　　✓区域③（气相区）：颜色加深、组分扩展为 $C_2$—$C_{10}$

✓区域②（近油气界面）：气相组分 $C_2$—$C_6$ 增加　　✓区域④（油气界面附近）：气组分扩展为 $C_2$—$C_{15}$

图 5-15　不同压力下 $CO_2$ 蒸发的原油组分变化

因此，扩展 $CO_2$ 和原油混相组分具有现实意义，对于我国中西部和东部具备混相条件的油藏，应主要发展混相驱，以获取最佳开发效果；对于我国东部相当数量的一批不能混相的油藏，也要尽可能高地提高地层压力水平，特别是利用近注气井的高压区实现近井地带混相驱，主动提高全油藏混相程度，改善 $CO_2$ 驱开发效果。大庆油田榆树林公司 1mD 左右的树 101 区块实验评价认为地层压力低于最小混相压力，但通过提高地层压力，实现了近井 100m 左右范围内的混相驱，取得了好的开发效果。

## 五、气驱方案设计与生产技术模式

注气实践表明，采取注采联动的办法可以明显改善气驱开发效果。注气开发方案设计的技术思路为"HWAG-PP"模式。其中，"HWAG"意为在水气交替注入阶段使气段塞依次变小的做法，减小气段塞的办法有降低日注量或缩短注气时间。"PP"指周期生产，是靠采油井的间歇式开关或控制流压生产抑制气窜的办法。"HWAG-PP"模式是一种注采联动抑制气窜，扩大波及体积，提高开发效果的办法。其技术内涵为：注入井水气交替注入是通过改善流度比抑制气窜，扩大波及体积。采油井周期生产则是通过强化混相的办法提高驱油效率并借助控制生产压差来抑制气窜，兼具扩大波及体积效果。在吉林情字井地区和大庆榆树林、海塔贝 14CO$_2$ 试验区生产中得到应用。实际应用表明，"HWAG-PP"模式在控制气油比、扩大波及体积，改善气驱开发效果方面作用明显，是一种必须坚持的低成本的保障 CO$_2$ 驱开发效果的主体技术。

### 六、低渗透油藏气驱产量主控因素

难以准确完整定量描述复杂相变、微观气驱油过程，难以准确度量三相及以上渗流，以及地质模型难以真实反映储层等原因导致多组分气驱数值模拟预测结果经常不可靠。应用概率论可以证明，低渗透油藏多相多组分气驱数值模拟误差往往超过 50%，实际工作经验也证实了这一论断。因此，建立气驱产量预测油藏工程方法成为必需。为增加注气方案可靠性，提高注气效益，从气驱采收率计算公式入手，利用采出程度、采油速度和递减率之间相互关系，推导出气驱产量变化规律，结合岩心驱替实验成果和油田开发实际经验，提出了气驱增产倍数严格定义及其工程计算近似方法，建立了极具可靠性的低渗透油藏气驱产量理论方法，得到了 30 多个国内外注气项目验证，符合率高于 85%，可用于气驱早期配产和气驱产量的中长期可靠预测。研究发现低渗透油藏气驱增产倍数由气和水的初始驱油效率之比以及转驱时广义可采储量采出程度决定。

### 七、气驱见气见效时间影响因素

自 20 世纪 60 年代至今，国内取得明显增油效果的气驱项目已逾 30 个，对各类砂岩油藏注气动态已有较多认识，找到普遍化定量气驱规律是油藏工程研究主要任务。气驱开发经验与理论分析都表明，生产气油比开始快速增加的时间，综合含水率开始下降的时间，见效高峰期产量出现时间与提高采收率形成的混相"油墙"前缘到达生产井时间具有同一性，现统一称之为气驱油藏见气见效时间。在真实注气过程中，渗流与相变同时耦合发生。本文提出基于"三步近似法"和气驱增产倍数概念，研究了注入气的游离态、溶解态和成矿固化态三种赋存状态分别占据的烃类孔隙体积，以及气驱"油墙"或混相带规模，得到了描述气驱开发低渗透油藏见气见效时间普适算法，并以多个注气实例验证其可靠性。吉林、大庆、胜利、冀东、青海和中原等油田低渗透油藏 $CO_2$ 驱见气见效时累计注入量的平均值为 0.078HCPV（基于转驱时的剩余地质储量），所用时间为 1 年左右，且非混相驱往往意味着较早见气，非混相驱往往意味着较早见气，非混相驱气窜会导致低渗透油藏产量快速下掉，须在注气一年完成扩大气驱波及体积技术配套。敏感性分析发现见气见效时间对见气前的阶段地层压力极其接近最小混相压力的程度、注入气地下密度和理论体积波及系数较为敏感。因此，提高见气前的阶段地层压力和增加体积波及系数是延迟见气的两项基本技术对策。

### 八、低渗透油藏气驱油墙形成机制

当地层压力和混相程度较高时，注入气将萃取地层油的较轻组分朝着油井移动并在井间形成高含油饱和度区带即"油墙"，这是高压气驱和水驱地下流场的重要区别。地下流场的不同将使生产动态进入一个崭新阶段："油墙"前缘到达生产井的时间称为气驱油藏见气见效时间，自此进入真正意义上的气驱见效产量高峰期。

在吉林油田、长庆油田和大庆油田外围的大量低渗透油藏地层油黏度都低于 5mPa·s，实施 $CO_2$ 驱达到较高混相程度，实现混相驱或近混相驱并非突出问题。一般地，在经历见气见效前的增压见效阶段后，地层压力能达到对于 $CO_2$ 和地层油的最小混相压力的 0.8 倍以上，使得气驱油效率能够高于水驱情形。下面对高压气驱"油墙"形成过程予以分析和描述：

当油气充分接触后会发生相变，出现气液分离和液液分层现象，形成富气相—上液相—下液相（RV-UL-LL）体系。根据对注入气接触地层油产生富化气相（RV）组成的分析，并借鉴凝析气藏开发经验，"加速凝析加积"机制对"油墙"贡献的组分主要是 $C_5$—$C_{20}$，显然这是饱和凝析液的组分。根据对密度较轻的上液相产状和组成分析，"差异化运移"机制对"油墙"贡献的上液相（UL）组分则以 $C_1$—$C_{30}$ 为主，可认为上液相属于挥发油。两种成墙机制产生的是一种介于饱和凝析液和挥发油之间的一种较轻质的液相——统称为成墙轻质液（具有较低黏度和较低密度）。

由于轻质组分被萃取后的剩余油的黏度高于被萃取物黏度而流速较慢，这种"差异化运移"造成被萃取物始终更快地向前堆积成墙。再加上注入气向前接触新鲜油样，前缘混相带黏度远高于连续气相黏度，压力梯度陡然增大，导致被萃取物凝结析出并滞留，这种"加速凝析加积"使得"油墙"主体含油含饱和度最高。气驱油墙形成机制可概括为"差异化运移"和"加速凝析加积"。两种成墙机制体现了各流动相之动力学和热力学特征在运动中的变化和差异，两种成墙机制亦是"油墙"物理特征描述的重要依据。高压气驱"油墙"形成过程可分解为"近注气井轻组分挖掘 → 轻组分携带 → 轻组分堆积 → 轻组分就地掺混融合"四个子过程。

如上所述，"油墙"是成墙液轻质和地层原油掺混融合而成，"油墙油"本质上是一种"掺混油"，油墙区域原本就存在地层油。随着注气持续进行，这部分原状地层油的轻组分也会被萃取并被采出。由此，可区分出两种"油墙"类型：一种是见气见效之前形成的，成墙轻组分来自注入井周围一定范围，可称之为"先导性显式油墙"。该类"油墙"运移到生产井的那一刻成为见气见效阶段的开始，并且它决定了见效高峰期产量情况和含水率"凹子"的深度。另一种则是见气见效之后形成的，成墙轻组分主要来自"先导性显式油墙"所覆盖区域，可称之为"伴随性隐式油墙"。由于形成时间和采出时间较晚，其首要作用在于延长气驱见效高峰期，只有保持较高地层压力水平，"伴随性隐式油墙"才能发良好，才能有效延长气驱见效高峰期，甚至可以期望随之而来更好的气驱生产效果。反之，如果该阶段地层压力保持水平低，"伴随性隐式油墙"发育不良，相应的生产动态则是一种很差的尾部状态。可以讲，"伴随性隐式油墙"是见效高峰期产量重要来源，也是造成该阶段中后期生产动态的地下流场条件。显然，区分出两类"油墙"对于正确认识见气见效阶段生产动态特征和维持气驱见效高峰期生产效果有重要指导作用。

### 九、气驱开发阶段定量划分方案

气驱生产经历的阶段划分以生产面临的主要任务为依据，是定性的描述；而气驱开发阶段划分主要以气驱生产指标变化特征为主要根据，可以进行定量研究，获得普适性结论。气驱开发阶段划分依据不同，将有不同的划分方案；可从注气方式、生产见效特征、流场变化特征等方面进行划分，如图5-16所示。一般来说，连续注气数月到一年左右即可使地层压力恢复到相当程度，此所谓增压见效阶段，"油墙"亦在此期间发育并成型；紧接着便整体进入见气见效阶段，地下流场高含油饱和度"油墙"开始被集中采出，生产上的体现是出现气驱见效产量高峰期，该阶段宜采用水气交替注入与高气油比井周期生产相结合（HWAG-PP）的开采方式；然后进入较高气油比的"油墙分散采出阶段"或气窜阶段，须以更大力度的生产调整对策维持气驱效果，仍须注采联动扩大波及体积，这是一个相当长的时期；在最后的阶段里，气驱效果较差甚至继续注气可能不经济，应考虑转水驱开发，确保有效益。

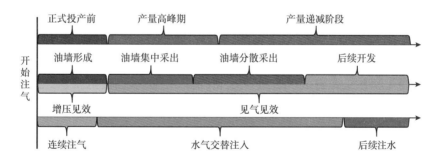

图 5-16　气驱开发阶段划分方法

"油墙"集中采出时间从属于见气见效阶段，也是气驱效果最明显的阶段。"油墙"采出时间可分为两个阶段：第一阶段是油墙集中采出阶段；第二阶段是油墙分散采出阶段，主要受生产调整措施及其力度所控制。"油墙集中采出阶段"属于气驱见效产量高峰期，油墙分散采出阶段是气窜阶段。在气窜阶段早期，如果采油工艺和生产调整措施得当，仍然可以有效延长产量高峰期。故提出"油墙集中采出时间"概念，以定量描述油墙集中采出阶段持续时间，该时间也近似等于气驱见效高峰期或者从见气见效到整体气窜的时间。气驱"油墙"几何特征描述可以确定气驱稳产年限。气驱开发阶段的定量划分之关键是见气见效时间的确定和气驱稳产年限的确定。显然，定量划分气驱开发阶段有助于超前部署和准备气驱生产与调整工作。

**十、适合二氧化碳驱低渗透油藏筛选程序**

高度重视油藏筛选是 $CO_2$ 驱效果的根本保障。不同试验项目的换油率，即采出每吨原油需要注入的 $CO_2$ 量差别较大，受裂缝发育情况、开发阶段、地层水无效溶解、气窜低效循环等因素影响，国内 $CO_2$ 驱项目的换油率一般在 2~7t/t，这造成项目之间的经济性悬殊。以中国石油为例，$CO_2$ 驱换油率为 3.2t/t，按 2019 年试验项目平均碳价 225 元计算（主要是目前大庆和吉林注气量占比较大），采出每吨原油仅 $CO_2$ 介质费用就达到 720 元（14.1 美元/bbl）。显然，低油价下需要高度重视油藏筛选，从根本上保障项目的经济性。

现有筛选标准缺乏判断注气是否具有经济效益的指标。理论分析和注气实践还表明，低渗透油藏注气多组分数值模拟预测结果误差往往超过 50%，极易造成利用数值模拟评价注气可行性环节失效。这是北美地区经济性差与不经济注气项目占 20% 以上的重要原因。国内注气项目更易出现不经济的问题，主要原因有：碳交易制度和碳市场不成熟以及驱油用气源主要构成不同，国内地层油与 $CO_2$ 混相条件更苛刻及陆相沉积油藏非均质性强造成换油率较高（即吨油耗气量较多）以及采收率较低，国内实施 $CO_2$ 驱油藏埋深较大等。有必要完善现有气驱油藏筛选标准。鉴于产量是最重要的生产指标，故提出向现有筛选标准中增补能够反映气驱经济效益的指标——单井产量相关指标。

通过将注气见效高峰期持续时间视作稳产年限，则见效高峰期产量为稳产产量。当产量递减率（据油藏工程法获得）确定时，评价期整个气驱项目的经济效益就取决于稳产产量，整个气驱项目盈亏平衡时的稳产产量即为气驱经济极限产量。根据这一考虑，引入一种新的经济极限气驱单井产量概念，并建立其计算方法。结合低渗透油藏气驱见效高峰期单井产量预测油藏工程方法，得到判断气驱项目经济可行性的新指标：若气驱高峰期单井产量高于气驱经济极限产量，则为经济潜力；若气驱见效高峰期单井产量高于经济极限产量，则注气项目具有经济可行性。

在此基础上提出适合 $CO_2$ 驱的低渗透油藏筛选须遵循"技术性筛选—经济性筛选—精细评价—最优区块推荐"等"4 步筛查法"程序，避免注气选区随意性，以从根本上保障注气效果。

### 十一、气驱油藏管理的理念创新

吉林油田和中国石油勘探开发研究院气驱研究人员于 2008—2009 年总结提出将"保混相、控气窜、提效果"作为 $CO_2$ 驱油藏管理的主导理念。2016—2017年，中国石油咨询中心认为气驱技术还有待完善，因为一些老问题还没有解决，一些新问题又有出现，比如"应混未混"气驱项目的出现。吉林油田黑 46 区块自 2014 年 10 月开始注气，到 2016 年 5 月已注入二十多万吨 $CO_2$，生产气油比从 $35m^3/m^3$ 升至 $500m^3/m^3$，日产油量不增加反而有下降趋势。是注采井网有问题，还是地下流体性质有特殊性，该如何治理并改善生产情况，作为中国石油首个 $CO_2$ 驱工业推广项目，各方都关心这个问题。

对于气窜严重井数众多的大型特超低渗透油藏，很难全面测压及时准确地获得地层压力以判断地下驱替状态。本文依据注气开发油藏见气见效时间预报、低渗透油藏气驱产量预测、气驱"油墙"物理性质描述和混相气驱生产气油比预测等气驱油藏工程方法研究后认为：一方面，天然裂缝不发育的黑 46 区块确实已进入整体见气阶段，但生产气油比不该数倍于混相驱"油墙"溶解气油比，实际日产油量不该仅为混相驱理论值的 60% 左右。另一方面，由于最小混相压力与原始地层压力差别不大，故认为黑 46 项目应该混相。在和吉林油田郑雄杰、李金龙、郑国臣等同志交流后，将黑 46 项目定性为"应混未混"气驱项目，并提出"油藏恢复、油墙重塑"的治理理念及对策，并排除了提高 $CO_2$ 注入量、增注氮气等快速抬高地层压力以及调剖等控气窜的方案。该治理理念与对策经过近 3 年的实施，丘状气油比平台逐渐消失、日产油量持续升高，综合含水率持续下降，黑 46 区块 $CO_2$ 驱开发形势持续向好并符合预期（图 5-17）。

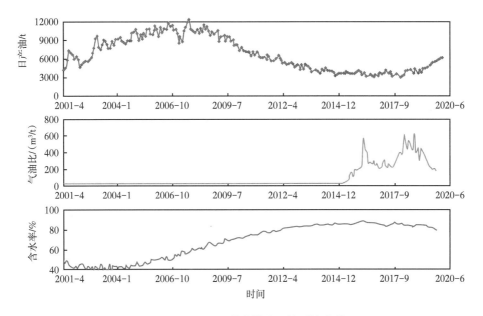

图 5-17　黑 46 工业化推广区块采油曲线

黑 46 "应混未混"项目的成功治理启示和验证了气驱生产气油比和含水率在一定程度上可以向注气前的水平恢复，即气驱过程的可逆性。"油藏恢复"是利用可逆性的唯一目的，也是"油墙重塑"的必要条件。不论是概念的内涵或目的还是手段，"利用可逆性"与"保混相、控气窜"都是不同的。因此，重视并利用可逆性是气驱油藏管理的理念创新，气驱油藏管理的理念可以进一步概括为："促混相、调流度、重可逆、提效果"。

还须指出，水气交替、周期生产、化学调驱、控套、气举、助抽都是国内外矿场气驱项目高效管理很重要的技术思路。CCUS 工程项目的日常管理需要地质与工程一体化、油藏—注采—地面一体化考虑，"混合水气交替 + 周期生产"

对于陆相特低渗透油藏、超低渗透油藏 $CO_2$ 驱和致密油 $CO_2$ 吞吐都是很重要的技术模式，生产中参数需要根据油藏实际情况进行设计和灵活运用。"控套 + 气举 + 助抽"举升工艺得到了吉林油田的长期生产验证，对于提高泵效和维持地层持续产出是高效的，这套举升工艺在《CCUS-EOR 注采工艺技术》分册已经介绍，分级集输地面模式属于《CCUS-EOR 地面工程技术》分册内容。本书侧重油藏工程学科内容，这是本书仅对"混合水气交替 + 周期生产"技术模式进行讨论，而很少提及工程内容的原因。

### 十二、二氧化碳驱注入量设计经验

我国低渗透油藏油品较差、埋藏较深、地层温度较高，混相条件更为苛刻。中国注水开发低渗透油藏地层压力保持水平通常不高，为保障注气效果，避免"应混未混"项目出现，在见气前的早期注气阶段将地层压力提高到最小混相压力以上或尽量提高混相程度势在必行。中国气驱油藏管理经验不够成熟，气窜后也面临着确定合理气驱注采比以优化油藏管理的问题。中国低渗透油藏注气开发中，气驱注采比设计具有特殊的重要性。

若注入量过大，井底流压会超过地层破裂压力，形成裂缝，并导致沿裂缝快速气窜，井组范围地层能量得不到补充，单井产量难以提高，或注入量过高造成井底沥青析出，堵塞孔道，影响注气能力。若注入量太低，地层能量补充太慢，单井产量提高困难，注入量低，地层压力起不来，混相驱难以实现，采收率可能比水驱还要低（表 5-1）。综上可知，存在着一个最优的注入量，若干 $CO_2$ 驱试验早期配注情况如图 5-18 所示。在鄂尔多斯盆地，尽管裂缝系统发育，但通过注气依然可使地层压力得到有效升高。

混合水气交替联合周期生产气窜抑制技术（HWAG-PP）被证明是更高效的气驱生产技术模式，在东部油藏 $CO_2$ 驱方案设计和实施过程中得到多次应用。在早期注气阶段，注气井充分注气，配合油井周期生产或降低采油速度生产，可以快速恢复地层压力。

表 5-1　若干 $CO_2$ 驱试验注气前后地层压力变化情况

| 区块 | 黑 59 北 | 黑 79 南 | 树 101 | 柳北 | 平均 |
|---|---|---|---|---|---|
| 地层压力升高 /MPa | 9.2 | 4.1 | 6.0 | 7.0 | 6.6 |

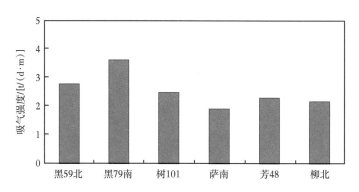

图 5-18　若干 $CO_2$ 驱试验早期配注情况

### 十三、超临界注入井口压力预测

准确预测注入井井底流压是 $CO_2$ 驱工程计算和分析的基础性工作。由井口注入压力和井口流温数据可预测井底流压。通常井底流压可以由井筒内液柱或气柱的自重加上井口流压并扣除摩阻得到，也可以利用一些经验公式进行估计。这些经验方法虽简单，却误差较大，可靠性较差。最为有效的预测技术是基于动量定理和热传导理论。特别是对于简单掺混直接循环注入的情况，需要考虑存在多组分和相变情况。考虑局部损失的压力方程、带摩擦生热的 Ramey 井筒传热方程以及状态方程可以进行凝析气注入预测。以长庆油田为例，$CO_2$ 驱的潜力区域的油藏埋深大致可以分为五类，安塞王窑区埋深 1200m 左右、安塞杏河区埋深 1500m 左右、靖安白于山埋深 1800m 左右、姬塬洪德 / 马家山 / 堡子湾和华庆庙巷区 / 温台区埋深 2100m 左右、姬塬罗一区和冯地坑埋深为 2500~2700m。计算了超临界注入条件下，注入 $CO_2$ 纯度为 97%，上述五类代表性油藏埋深，满足不同需求井底压力与井口注入压力之间的对应关系。不同埋深油藏井口压力与井底流压关系如图 5-19 所示。

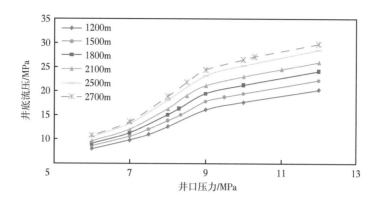

图 5-19　不同埋深油藏井口压力与井底流压关系（井口 35℃）

### 十四、低渗透油藏二氧化碳驱采收率

采收率是驱油效率和波及系数之积。提高驱油效率是低渗透油藏注气大幅度提高采收率的主要原因。$CO_2$ 与不同烃组分的最小混相压力有明显差异，提高地层压力可提高 $CO_2$ 与更多原油组分的混相程度，有利于提高驱油效率。

传统的 $CO_2$ 驱项目方案设计注入量为 0.5~0.6HCPV 即停止注入，采收率提高值通常不大。统计吉林油田小井距试验等大量的注气项目显示，当注入量小于 1.0HCPV 时，采收率提高值随注入量增加而稳定增长，设计大 PV 注气方案是实现采收率最大化的第一步。具体设计多大注入量合理以及如何实现，需综合考虑油藏特点、开发工程因素和经济性。

低渗透油藏大幅度扩大注入 $CO_2$ 的波及体积的主要借助井网加密和层系调整。黑 79 北试验区通过井网加密以小井距驱替实现了 1.0 倍烃类孔隙体积以上的 $CO_2$ 注入和大幅度提高采收率，新疆油区的一些大厚度低渗透油藏可考虑细分气驱开发层系。

混合水气交替注入联合周期生产（HWAG-PP）是国内外大量实践普遍证明了的最为经济有效地扩大注入 $CO_2$ 波及体积的做法。在非常有必要或实在不得已的情况下，可以应用化学方法扩大低渗透油藏注入气的波及体积，比如裂缝型油藏注气早期气窜时，需注入高黏度化学体系调节。

►► 参考文献 ►►

[1] 胡永乐.注二氧化碳提高石油采收率技术［M］.北京：石油工业出版社，2018.

[2] 王峰.$CO_2$驱油及埋存技术［M］.北京：石油工业出版社，2019.

[3] 王高峰，秦积舜，孙伟善.碳捕集、利用与封存案例分析及产业发展建议［M］.北京：化学工业出版社，2020.

[4] 陆诗建.碳捕集、利用与封存技术［M］.北京：中国石化出版社，2020.

[5] 王香增.低渗透砂岩油藏二氧化碳驱油技术［M］.北京：石油工业出版社.2017.

[6] 俞凯，刘伟，陈祖华.陆相低渗透油藏$CO_2$混相驱技术［M］.北京：中国石化出版社，2016.

[7] 王增林.胜利油田燃煤电厂$CO_2$捕集、利用与封存（CCUS）技术及示范应用［C］.北京：第三届CCUS国际论坛，2016.

[8] 程杰成，庞志庆.特低渗透油藏二氧化碳驱油工程技术［M］.北京：石油工业出版社，2021.

[9] 王高峰，祝孝华，潘若生.CCUS-EOR实用技术［M］.北京：石油工业出版社，2022.

[10] 王高峰，杨思玉，郭燕华，等.黑79区块$CO_2$驱试验方案（修订）［R］.北京：中国石油勘探开发研究院，2008.

[11] 王高峰，杨思玉，郭建林，等.黑59区块$CO_2$驱实施方案（修订）［R］.北京：中国石油勘探开发研究院，2008.